# 1年目から現場で稼げる建設職人を育てる法

阿久津一志

同文舘出版

# はじめに

私が、前著『「職人」を教え・鍛え・育てるしつけはこうしなさい！』（同文舘出版）を出版したのは２０１１年の2月でした。その時点で建設業界の職人不足は、すでにかなり深刻な状態でした。私は数年後には、職人不足はさらに深刻な状況になるのではないかと考えていました。

当時、建設業界を取り巻く外部環境・経営環境は激変の時代で、私は読者のみなさんに、１日も早く職人育成に取り組むべきだと訴えました。

本の出版から１ヵ月後の２０１１年3月11日に東日本大震災が起こり、建設業界に再び激震が走りました。震災の復興、そして２０２０年の東京オリンピック・パラリンピックに向けた建設需要が高まり、ものすごいスピードで職人不足に拍車がかかりました。

また、その後の国の政策により働き方改革が叫ばれるようになり、それまでの職人育成モデルは不具合が生じはじめ、ほとんど通用しなくなりました。さらに外国人技能実習制度等もあり、建設職人業界は大きな変化・対応を迫られる状態になりました。

今回出版する『1年目から現場で稼げる建設職人を育てる法』は、この10年間の自分自身の職人育成の経験をもとに、建設職人業界激変の時代を強く乗り越えていく方法としてまとめたものです。

この文章を書いている時点で、また新たに世界を巻き込む大問題である新型コロナウイルスが猛威を振るい、私たちに対応を迫っています。こうした危機的な状況を乗り越えるための最善の方法も、実は職人育成にあるのです。

それは、歴史を振り返ってみればわかります。日本でもっとも長い社歴を持つ会社は、職人育成によって創られたという史実があります。社寺建築を代々請け負ってきた金剛組は、何と1450年近くもさかのぼる飛鳥時代の578年に創業され、現在も継続しています。

世界的に危機的な状況にありますが、こういう時代だからこそ、今まで以上に真剣に職人育成に取り組むべきなのです。逆境を乗り越えるために、ピンチをチャンスに変える職人育成に取り組んでいきましょう。

2021年6月

阿久津　一志

## 2章 そうだ！ 社内に職人育成道場をつくろう！ …… 47



## 3章 技術を伝える技術を磨け …… 83

## 4章 結果を出せる職人・出せない職人 

## 7章

8章

## ひとつのことを諦めず続ければ、必ずその道のプロになれる ……… 183



## おわりに 198


装丁／高橋明香
DTP／マーリンクレイン

1
章

# 今の時代に合わない職人育成・これからの時代に合った職人育成

## 1 苦労して採用しても1年以内で辞めてしまう建設職人事情

みなさんが思い描く建設業界のイメージとは、どのようなものでしょうか？　昔からよく言われていることですが、やはり建設業というのは、３Ｋ「きつい・汚い・危険」というイメージが強いのではないでしょうか。

昨今の建設業界の採用事情を見てみると、求人をしている会社に比べて、就職希望者が圧倒的に少ない状況と言えます。建設業界は、おおよそ10年ほど前から、慢性的に人手不足の状態が続いているのです。他の業界も人材不足・採用難と言えますが、とくに建設業界の建設職人不足は、深刻な社会問題になっています。３Ｋの建設業は若者から人気がなく、敬遠されている職種なのです。

そこでここでは、建設業界の２つの問題点について述べていきたいと思います。

### ○「採用のミスは社内の教育では取り返せない」

ひとつ目の問題として、前述したような建設業界の事情もあり、建設業は他の職種に比べて、採用にはかなりの費用と労力が必要になります。会社の大きさにもよりますが、ひとりの人材を採用するためのコストは年々上昇しており、40万円とも50万円とも言われています。

しかし、その費用をかけたからといって、必ずしもよい人材が採用できるわけではありません。さらに教育費や諸々の費用を含めると、新卒で採用した場合には、年間でおおよそ500万円程度が必要になります。

多くの会社は、採用の部分で手を抜いてしまい、コストをかけずに、誰でもいいからということで採用してしまうことが多いのですが、結果は火を見るよりも明らかです。労使間や社員間、職人間でのトラブルが発生し、最悪の場合、1年以内の退職ということになってしまうのです。

建設業界では、人材を採用したくても採用できないという問題と、定着させるのが難しいという問題があります。そういう私も、以前から職人教育には力を入れていましたが、採用については甘く考えていたところがあります。来る者拒まずの採用で、何度も失敗を繰り返しました。

そんな中で、尊敬する先輩経営者から採用に関する注意点として教えていただいたのが、「採用のミスは社内の教育では取り返せない」という言葉です。それだけ、採用には慎重さが必要ということでしょう。そこで私は、採用に対する考え方を改めました。採用は、会社にとっても入社してこれから建設職人になろうという人にとっても一大事、真剣勝負なのです。

しかし、採用がうまくいったとしても気を抜いてはいけません。建設業界の離職率データを見てみると、入社後3年以内に、高卒ではほぼ半数の47・7%、大卒では30・5%が離職していま

**【図表1　新規学卒者の建設業への入職状況、離職率の推移】**

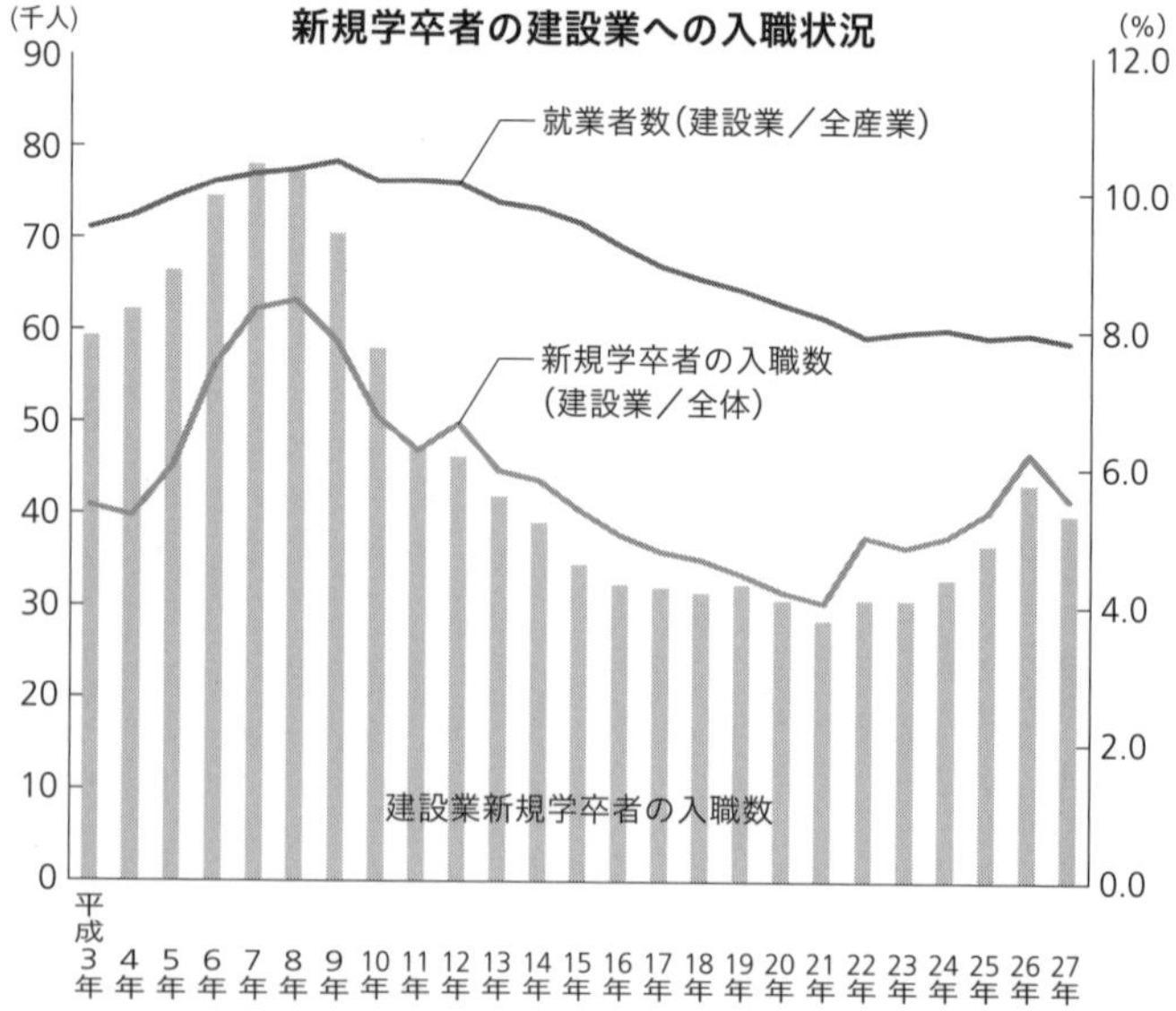


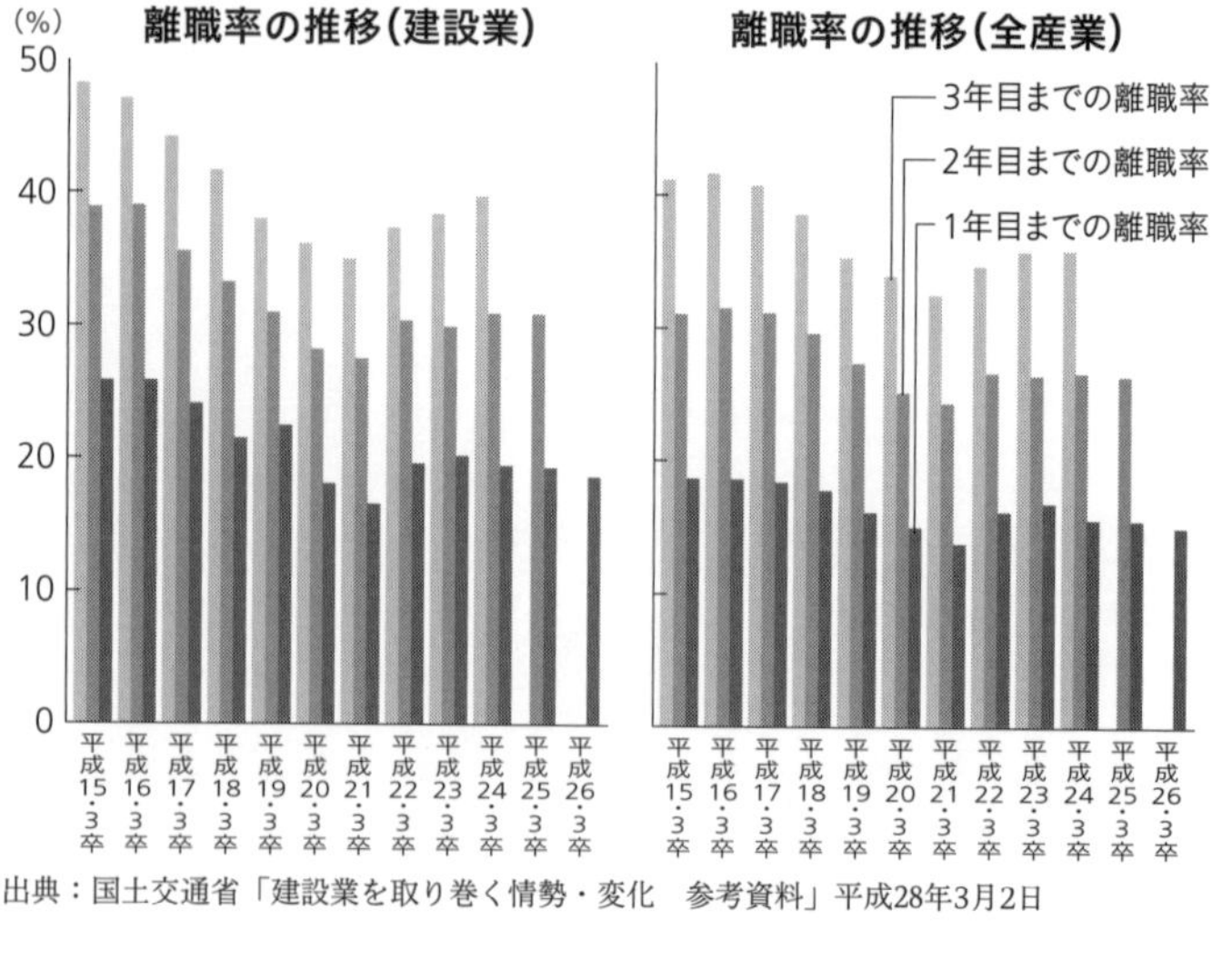


出典：国土交通省「建設業を取り巻く情勢・変化　参考資料」平成28年3月2日

す。社風や人間関係など、さまざまな問題で会社に定着してもらえず、苦労して採用できたとしても、1年以内、もしくは数年で辞めてしまうという状況なのです。

## ○人材を採用・育成しなければ会社は生き残れない

2つ目の問題ですが、建設業界には避けられない大きな問題があるのです。それは建設職人の高齢化です。建設職人の年齢分布は55歳以上と40代の割合が高く、29歳以下の割合が低くなっています。

私が2011年に『「職人」を教え・鍛え・育てるしつけはこうしなさい！』を書いた時点でも、そのような傾向が見受けられました。現在では、建設職人の年齢分布はさらに急速に高齢化が進み、より深刻な状況になっています。

実際に、私が経営している会社の現時点での社員の平均年齢は37歳ですが、2011年の段階では50歳を超えていました。当社の場合は、高齢化した職人の引退があったのと新卒採用、中途採用を欠かさず行なっていたので、社員の平均年齢を大幅に下げることができました。

しかし、採用ができない、若い職人が育っていない、高年齢層の職人が多い会社では、何もせず数年経過すると、間違いなく高齢の職人は退職することになるので、会社の存続に関わる大変な事態になります。同じ現象が多くの会社に起これば、さらに建設業界は危機的な状態に陥るこ

**【図表2　建設業就業者の年齢構成】**

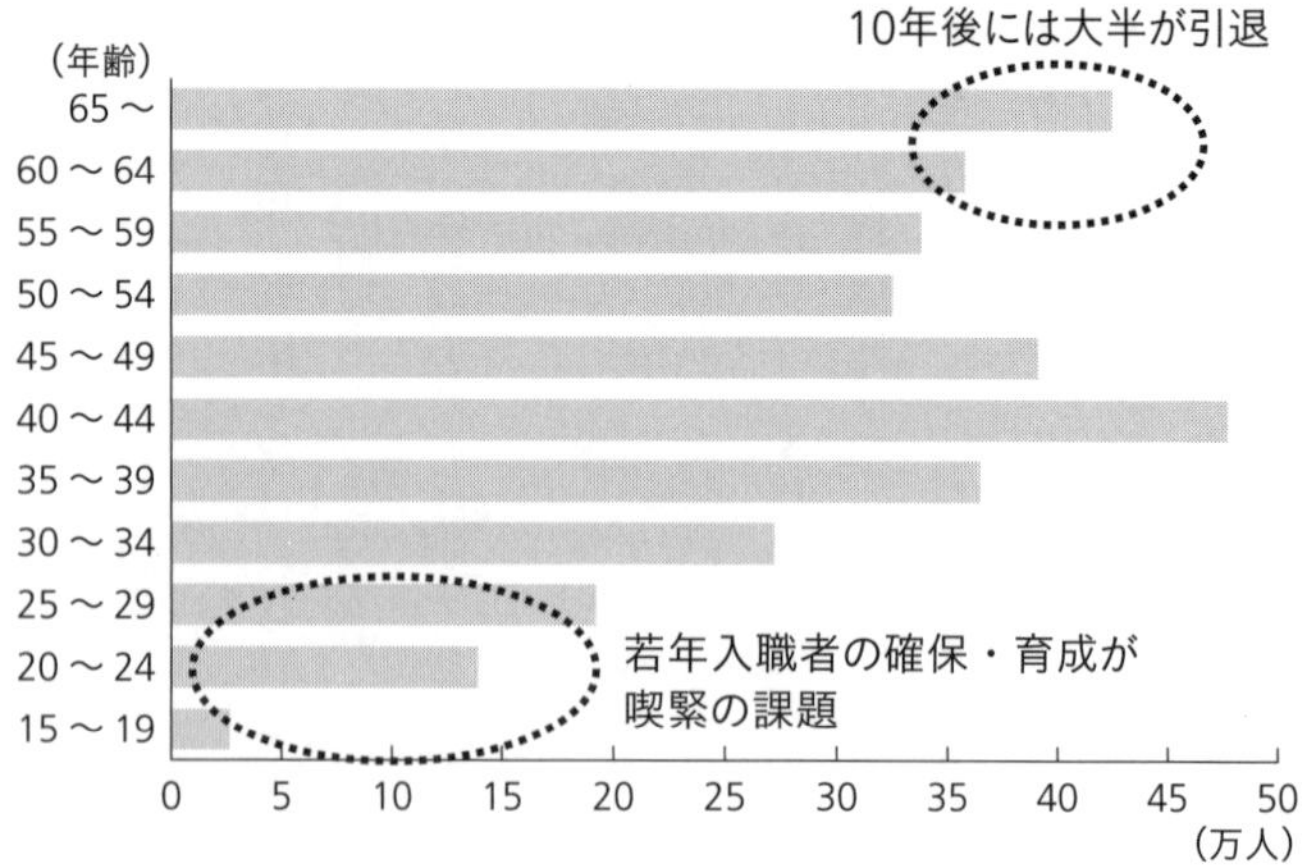


出典：国土交通省　中央建設業審議会　第13回基本問題小委員会　資料4「建設業を取り巻く情勢・変化　参考資料」平成28年3月2日

とになります。

ここでよく考えていただきたいのは、**会社というものは、定期的に若い人材を採用し育成していかなければ、いずれはなくなってしまう**ということです。長年にわたって地域に貢献してきた会社であっても、どんなに地域の人に必要とされ愛されている会社であっても、新しい人材を採用して、育成していかなければ、存続できないのです。とくに建設業では、建設職人の育成なくして未来はありません。

私は現在、建設業界や地域社会への危機感もあり、自社他社、業種を問わずに若手経営者や職人を集めた勉強会を頻繁に開催しています。そこではいつも、「大工の棟梁、一人親方ならば早く弟子を取るべきだ。経営者ならば、大変でも積極的に若い人を採用していこう」と言っています。

私の会社が今現在、地域で必要とされて半世紀にわたって仕事ができているのは、2000年、父から会社を引き継いだ年に、職人育成で悩み、何とかしなければと考え、経営理念を創って全社員の前で発表したおかげです。

その翌年には、経営状態が苦しい中でも若い人材の採用に踏み切り、手探りでしたが、建設職人として育ててきました。今その職人たちが会社を支えてくれているのです。

「鉄は熱いうちに打て」という言葉がありますが、職人育成の肝は最初の1年目、入社してからの1年間の教育期間がとても重要なのです。

## 2 辞めてしまう職人に非があると考えているうちは何も変わらない

### ○「根性がないから辞めるんだ」

採用した職人が会社を辞めてしまったときに、「アイツは根性がないんだよ」とか、「仕事に対するやる気が感じられなかったよなぁ」と先輩職人が話しているのを聞いた場合、あなたはどのように感じるでしょうか。あなたが経営者だったら、辞めてしまった人と会社側のどちらに原因があると思いますか？

先輩職人は、辞めてしまった職人のほうに非があるように話しており、自分たちには原因はないと考えているようです。入社して数年もたたない若い職人の離職が続いているような会社は、このような社内の空気のところが多いようです。

しかし、よく考えてみてください。先輩職人は自分たちには非がないと考えている。経営者は、先輩職人たちが言っていることを鵜呑みにして、会社側には原因がないと考えているとしたらどうでしょう。再度、費用をかけて採用しても、また1年もたたないうちに新人職人は同じように辞表を持ってくるのではないでしょうか。

会社の環境や先輩職人たちの考え方が変わらなければ現状と何も変わりません。そうなのです。原因は会社側にあると考え、現状を改めなければ同じことが続きます。

先輩職人たちが言っていることは結局、「自分たちは新人職人を育てることができなかった」「自分たちには後輩職人を惹きつけるだけの魅力がなかった」という現実に対しての負け惜しみに過ぎないのです。先輩職人たちの言い分を鵜呑みにしている経営者も同じです。現状のままのあなたの会社では職人育成はできません。

なぜ、新人職人の離職が続くのか、経営者と今いる会社の職人とでよく話し合ってみましょう。おそらく先輩職人たちは、**自分たちが過去に先輩職人からされてきたように後輩職人に接しているの**ではないでしょうか。

今の時代に自分たちが受けてきた時代のやり方では職人育成はできません。新たに入社してくる新人職人には通用しないのです。過去の職人育成は過去のものとして、新しい職人育成の仕方を考えるべきなのです。

## ○怒鳴り声が日常茶飯事の職場

私の会社では、先輩職人や会社側の職人育成の仕方自体に問題があるのではないか、と考えるようになってから、本気で職人育成に取り組まなければ自分たちの将来はないと気づき、社内で真剣に話し合いました。

まずはじめに、自分たちが入社したころ、どのような指導を受けてきたのかを振り返り、よかったところと悪かったところを分析し、なおかつ他社の職人育成についての成功事例、失敗事例も参考にして、わが社独自の職人育成の仕組みづくりに取り組みました。

ここでは、わが社がどのように職人育成の仕組みづくりに取り組んだのかをご紹介します。

私が修業していたころを振り返ると、技術の習得方法は先輩職人が懇切丁寧に指導するような形ではありませんでした。「技術は見て覚えろ」「技術は先輩職人から盗め」と言われ、理論・理屈の説明はほとんどなく、細かい技術の指導もありませんでした。

現場では先輩職人が見習い職人を頻繁に怒鳴りつけ、「何回言ったらできるんだ」という叱責の声が日常茶飯事の状態でした。指導はまったくせず、自分の仕事だけを進め、見習い職人を無視、放置しているような先輩職人も少なからずいました。すべての先輩職人がそうだったわけではありませんが、多くは新人職人を育てるというよりは、自分の都合に合わせて振り回しているという感じでした。

そのような扱いが毎日続くと、採用されたときにはやる気満々だった見習い職人も徐々にやる気が損なわれていきます。入社から数ヵ月たった見習い職人の表情を見れば、顕著にそれがわかります。

しかし、私たちの時代は周りを見れば他社も同じような状態だったので、離職に至らなかったのでしょう。職人たちと話し合い、悪いところはこのように洗い出し、分析しました。社内では、なぜか過去のつらかった体験話は盛り上がります。

先ほどの先輩職人たちは、そのような体験をしてきたのだと思います。しかし、今の見習い職人に当時のような指導を行なえば、躊躇せずに即、辞表を持ってくるでしょう。今どきですから、ＬＩＮＥで「今日で辞めます」なんてこともあるかもしれません。

## ○新人職人の育成では何が大事か

今の若者は、期待の持てない会社やこのままでは自分は成長できないと感じたときの見切り、決断がとても早いのです。そこで、これまでの会社の悪いところを改善しようと話し合いました。ここでのポイントですが、経営者だけが考えていても意味はありません。職人育成の当事者、責任者は会社の全社員です。

だからといって、新入社員をお客様扱いしたり、腫れ物に触るような対応では、職人育成にならないのは言うまでもないでしょう。ここでのまとめは、**新入社員、見習い職人は先輩職人の使い走りではなく、将来会社を支えてくれるであろう、とても大事なパートナー**だということです。経営者も先輩職人も全社員でそのことを肝に銘じましょう。

私の尊敬する経営者、耐震工事で知られる水谷工業の京極盛社長が、このように教えてくれました。

「新人職人の育成は、先輩職人が寄ってたかって面倒見ることが大切、もちろん経営者も愛情を持って見守ることが大事である」と。

深い言葉であると同時に、私は本気で職人育成に取り組もうと思いました。職人育成の肝は、常に後輩職人に関心を持ち、愛情を持って育てることではないでしょうか。

前述したとおり、離職者が出たときには、ほとんどの場合、新人職人に非はありません。ごくまれに離職者側に問題があるケースもあるかもしれませんが、まず会社側に非があると考えて、経営者をはじめ、全社員で職人育成のマインド・イノベーションを行なうことで、職人育成の仕組みは驚くほど変わります。そして、やる気のある新人職人が、さらにやる気を持って仕事に取り組み、期待を上回るような成長を遂げます。

再度述べますが、職人育成は、寄ってたかって愛情を持って取り組みましょう。

## 3 過去の教え方を分析して これからの職人育成を科学する

### ○ノーヘルメットにくわえタバコの時代

少し重複しますが、ここで改めて、過去の職人育成と働き方を少し振り返ってみたいと思います。

私が左官職人として修業をしていた１９９０年代は、現在のように機械化やＩＴ化があまり進んでおらず、現場は人力に頼る部分が多くありました。今では機械化されているところを人力で行なっていたわけですから、今とは違った意味で、建築現場は慢性的な人手不足の状態でした。

採用された若い人材は、仕事ができようができまいが、すぐに現場に駆り出されていました。

見習い期間中は左官職人という扱いではなく、補助の手元作業員のような感じで捏《こ》ね場の作業や材料の運搬、現場の雑用・掃除などが毎日の仕事でした。

新入社員研修的なものはなく、技術指導もほとんどありませんでした。会社の中に職人育成の仕組みができておらず、ベテラン職人も自分たちがされてきたことを、そのまま若い職人にしているという状態でした。私が左官職人として実際に現場で鏝《こて》を握り、壁を塗れるようになったのは入社後、数年を経過してからでした。

修業中は、仕事はつらくて厳しいのが当然だと考えていましたが、なぜか現場に行くたびに少しずつやる気が失われていったような気がします。ベテラン職人の理不尽な対応が常態化していたことや、若手職人を指導する立場にある職人たちの現場でのマナーの悪さに嫌悪感を抱いたこともありました。

今の現場なら、出入り禁止になるような行為がまかりとおっていました。危険な作業なのにヘルメットを被らなかったり、くわえタバコでの作業やゴミのポイ捨てなど、お客様や近隣からどのように見られているかという意識はまったく欠如していました。今では想像もできないでしょうが、業界全体が同じような雰囲気でした。私は、このような仕事の仕方で本当によいのだろうかと、いつも疑問に感じていました。

１９９０年後半になり、バブルが崩壊して世の中の価値観が変化しはじめました。売り手市場から買い手市場になり、職人重視から顧客重視に変わっていったのです。

建築現場では労災事故が多発したことから安全上の問題が浮上し、現場管理がかなり厳しくなりました。ヘルメットを被らない職人は現場に入ることができず、禁煙や分煙もはじまり、くわえタバコでの作業などもってのほかとなりました。２００５年には、建築物の構造計算偽造問題が起き、建築物の品質管理も本当に厳しくなりました。

当時は左官技術の習得方法も、先輩職人が懇切丁寧に指導するような形ではなく、「技術は見て覚えろ」が当たり前の時代でした。その時代を生き抜いてきた職人たちが、現在40歳代より上の世代になり、ベテラン職人として現場で活躍しています。今、若手職人を指導・育成する立場にあるのがこの世代のベテラン職人たちなのです。

## ○職人の意識改革が必要だ

このような時代背景の中で指導・教育されてきた現在のベテラン職人たちが、自分たちが受けてきた指導・教育が正しいものだと信じ、そのまま若手職人に同じように指導・教育したとしたら、どのような結果になるかは想像がつくのではないでしょうか。入社後、数ヵ月もしないうちに新人職人は退社してしまうでしょう。

結論から言えば、ベテラン職人が受けてきた指導・教育の仕方は今の時代にはマッチしていないのです。私の会社も２０００年ころまでは、新入社員や若手職人に対して横柄な態度をしていい

【図表3　これからの職人は、バランスが大切】

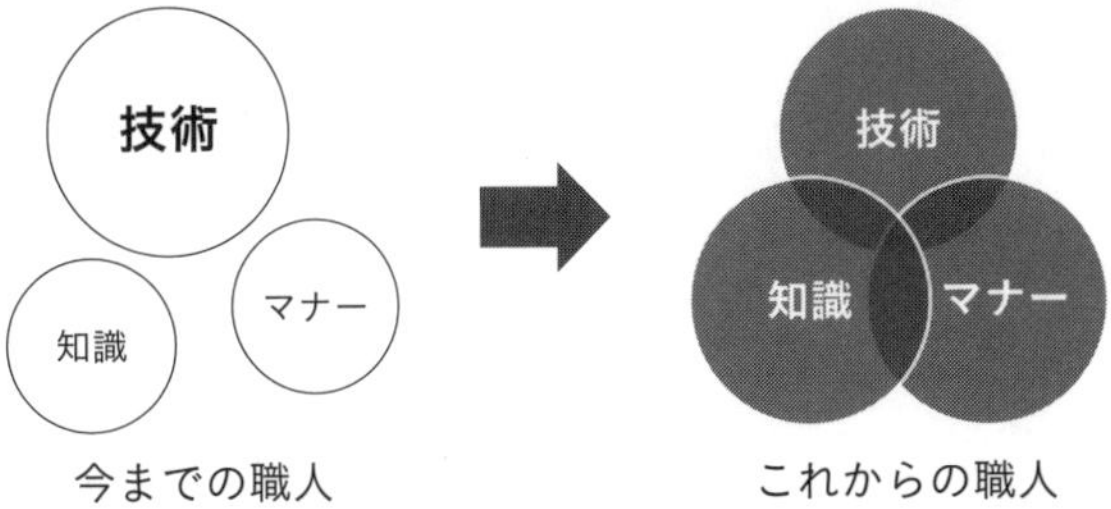


ました。ですから、採用しても1年以内に退社されるということが続きました。新入社員の定着率が非常に悪く、離職率がかなり高かったのです。

そのような苦い経験を踏まえて、まずは社内改革に取り組むことにしました。職人の意識改革や職場環境の改善が必要ではないかと考えたのです。

今までのように技術だけに偏った職人ではなく、マナーと知識を兼ね備えたバランスの取れた職人を育成するべきだと思いました（図表3参照）。そして、当時の会社の問題点を分析して、経営理念構築のために勉強会に参加し、1年間じっくりと考え、練りに練った経営理念を2000年に全社員の前で発表しました。

その後、事務所の壁に経営理念を掲げました。

「私たちは礼儀・技術・知識の向上を目指し、感謝の気持ちで社会に貢献します」

そこから、わが社の新たな職人育成がスタートしたのです。

ベテラン職人が教わってきたやり方は、その時代にはそれでよかったのかもしれません。しかし、今の時代にはマッチしていません。であるならば、今の時代に合った職人育成法を考えなければなりません。過去の教え方を分析し、これからの職人育成法を科学する必要があるのです。

## 4 教え下手な先輩職人、教わり下手な新人職人

### ○先輩職人にとって、新人職人の育成など他人事

さて、採用がうまくいきました。いよいよ来月から新人職人が入ってきます。では、誰にその新人職人を預けますか？　非常に悩むところではないでしょうか。

会社の中に先輩職人がいれば、先輩職人が指導することになるのでしょうが、複数の先輩職人がいるとしたら、その中で誰が適任でしょうか。ベテラン職人がよいのでしょうか。それとも年齢の近い先輩がいいのでしょうか。

私の会社の場合は、２０００年に私が経営者になり、その1年後に新人職人が入社してきました。当時の会社は、他の先輩職人は一人親方（正社員ではなく、外注職人）が多かったので、その人たちに任せるわけにはいきませんでした。そこで手探りではありましたが、私が中心になり、新人職人の育成をすることにしました。

ただ、私が教わってきたやり方ではなく、自分なりに参考になる人材育成の本を読み、人材育成のセミナーやOFF-JT（外部研修）に参加して、今までのやり方とは少し違った方法で職人育成に取り組みました。

まず、自分はどのような指導を受けてきたのかを考えました。私が現場で左官職人になるための修業をしていた20数年前は、親方のやる仕事をよく見て、自分なりに何回も練習をしながら技術を身につけたものです。先輩職人にはよく怒られましたが、丁寧な指導を受けたことはありませんでした。

先輩職人も、自分の先輩から教わったわけではないので、教え方はあまり上手ではありませんでした。さらに先輩職人は、自分の仕事もこなさなければならないので、新人職人の指導どころではないのです。これは会社側の教育システムに大いに問題があります。

旧来のやり方では思うように職人育成ができず、非常に効率が悪いのです。私を指導していた先輩職人は、仕事についてわからないところを聞いても、理解できるように説明してくれませんでした。というより、どのように説明すればいいのかわからなかったのだと思います。よく考えてみれば、現場で仕事をしている職人にとっては新人職人の育成など他人事なのです。

## ○私の会社の職人育成の試み

私と、入社してきた新人職人の年齢差は13歳でした。年齢がひと回り以上離れているので、育った社会環境も学校で受けてきた教育もまるで違います。ふだん会話していても、ジェネレーションギャップを感じずにはいられませんでした。私を指導してくれた先輩職人も、このような思いをしていたのだと、このときはじめてわかり、世代間のズレがある職人育成の難しさを痛感させられました。これからは世代間の意識のズレも考慮して、ベテラン職人が新人職人をしっかりと指導できる仕組みを構築する必要があると考えました。

その翌年に2人目の新人職人が入社してきたので、年齢の一番近い先輩職人と現場で仕事ができるような人員配置を考えてみました。現場では一つひとつの要点を説明しながら、悪いところは修正して丁寧に教えていきます。

その他にも、私の会社ではOJT（社内教育）だけでなく、OFF-JT（外部研修）も取り入れることにしました。私が先代社長から会社を引き継いだときに、経営理念として「私たちは礼儀・技術・知識の向上を目指し、感謝の気持ちで社会に貢献します」と掲げたこともあり、技術は社内でしっかりと指導して教え込み、同時に自社で教えるよりも効果のあるものについては、積極的にOFF-JT（外部研修）を活用しました。

この取り組みは、職人のマナーや知識を高め、技術以外での付加価値を高める試みです。

ＯＦＦ－ＪＴには、新人職人を教えるベテラン職人の指導能力を向上させる効果もありました。

このような試行錯誤を何年も繰り返しながら、自社独自の職人育成の仕組みを構築してきたことにより、技術の伝承とマナー・知識のバランスの取れた職人育成が徐々にできるようになりました。この職人育成の取り組みは、会社を永続させていくために単年度ではなく、毎年繰り返さなければならないものであると考えなければなりません。

### ○私が「教わり下手」だったからできたこと

さて、ここまで私の会社で行なってきた職人育成の事例をお話ししてきました。

振り返ってみると、最初の新人職人が入社してきたときの私は職人育成１年生であり、「教え下手」な先輩職人だったと思います。ですが、私は自分が新人職人だったときに先輩職人から受けた指導をそのまま新人職人に行なおうとはしませんでした。

私は、先輩職人たちが嫌がる「教わり下手」な新人職人でもあったのです。当時の先輩職人にはよく怒られました。物覚えが悪い私は、何回言われても上手にできなかったのです。先輩職人たちは私を指導するのにとても苦労したと思います。

私はよく先輩職人に質問をしましたが、きちんと説明してくれることはありませんでした。ですから自分で参考になる本を読み、先輩職人からは否定されるようなＯＦＦ－ＪＴや他社の見学にも自ら進んで行きました。しかし、そこで学んだことが非常に多かったのです。

その後も私は、地元の経営者が集まる勉強会に数多く参加しました。そこで人材育成の大切さを教えていただきました。

職人育成法には、どれが正解というものはありません。ちなみに、私が経営者になって最初に採用した新人職人は、20年たった今では立派に会社を支えてくれるベテラン職人になりました。私が言うのもなんですが、とても頼りになる「人財」になったと思います。

教え下手な先輩職人は、積極的に新人職人の育成役を受け持ちましょう。教わり下手な後輩職人も、気にすることはありません。どんどん先輩職人を鍛えてあげましょう。

## 5 言われたことしかできない職人、自分で考えて行動できる職人

### ○「仕事ができない職人」は周りに悪影響をおよぼす

仕事ができる職人というのは、現場の状況を把握し、今何をやるべきなのかを自分で考えて行動できる職人を指します。

仕事ができない職人は、すぐに思考や動きが止まります。些細なことでも指示を仰ぎ、自分で考えようとはしません。言われたことだけでもキチンとできればまだいいのですが、それさえま

ともにできない職人も中にはいます。このような職人の傾向として言えるのは、他人への依存度がとても高いことです。こういう職人は、目に見えるような失敗はあまりしませんが、結果も出せません。失敗しない理由は、積極的に新しいことに取り組もうとしない、物事にチャレンジをしないからです。

新しいことにチャレンジしない職人は成長もしません。このような職人をそのまま放置すると、どのようなことになるでしょう。将来的には、会社のお荷物的な存在になります。このような職人が先輩職人になった場合、部下育成や新人職人の育成は負の連鎖を生んでしまいます。よい職人育成は絶対にできません。

やる気満々で入社してきた大事な新人職人を、このような職人に任せたら大変なことになります。言われたことしかできないお荷物的職人が、ねずみ算式に増えていきます。この手の職人は自分が不幸になるだけでなく、周りにも悪影響をおよぼし、一緒に仕事をしている職人を不幸にしていきます。そして、お客様や会社全体を不幸にしてしまいます。ですから、絶対にこのような職人に育ててはいけないのです。

## ○誰もが最初から優秀な職人だったわけではない

ビジネスの世界では、「パレートの法則」とか、「2：6：2の法則」というものがあります。

職人の世界にこれを当てはめると、「パレートの法則」は、会社の中の2割の優秀な職人が会社の売上げや利益の8割を創るというものです。「2：6：2の法則」は、会社の中の職人を見た場合に、2割は仕事がよくできる優秀職人、6割は自分の食い扶持分は稼いでいる職人、残りの2割が会社のお荷物職人という見方になります。

表現は非常に厳しく映るかもしれませんが、レベルの高い低いはあるにしても、多くの会社はこのような社員構成になっているようです。しかし、そこを逆手に取らなければ会社は成長できません。

言われたことしかできない、言われたことすらできない職人の育成は、とても難しいと思います。私自身も職人の経験があり、後輩職人を育てた経験もあります。今は会社全体を見て経営をする立場になりましたが、職人育成の難しさは痛感しています。

しかし、難しいからといって職人の採用と育成を諦めてしまったらどうなるでしょうか。将来は明るくなるでしょうか。成長・発展している会社は、難しいことを後回しにしたり、逃げたりはしません。

そもそも私たち中小・零細企業に、期待をはるかに上回るようなものすごく優秀な人材が入ってくるでしょうか。少なくとも私の会社では、そのようなスーパー新人が入ってきたことはありません。今でこそ優秀と言われる職人も、時間と手間暇をかけて、先輩職人が若い人材を教え鍛えて育ててきたのです。

## ○「できない職人」が会社と先輩職人を鍛えてくれる

今現在、職人育成に優れている先輩職人も、最初から職人育成がうまかったわけではありません。後輩職人からの相談に十分に応えられなかったり、ときには言いづらいことを言って後輩職人からそっぽを向かれたり、期待を裏切られたりと多くの嫌な思いをしてきたことでしょう。

しかし、職人育成がしっかりできる先輩職人は、後輩職人をどのように育成したらいいのかということを常に研究し、試行錯誤で後輩職人の育成に取り組んでいます。そして積極的にコミュニケーションを取って、相互信頼関係を築くことも忘れてはいません。

ここで言えることは、**手のかからない優秀な新人ばかりだったら、どんな職人でも育成できる優秀な先輩職人は育たない**ということです。会社も、先輩職人が後輩職人を育成しやすいような職場環境をつくり、会社ぐるみで新人を育てられるような仕組みづくりを絶えず試行錯誤して構築しなければなりません。

ですから、逆の見方をすれば、言われたことしかできない職人、言われたこともできない職人、今の時点では問題ばかりの職人も、職人育成をする側の先輩職人や会社側を鍛えてくれる大切な存在だと考えることもできるのではないでしょうか。

会社は、先輩職人が、自分たちと同じような感覚を持つ職人を育成できるような、よい循環をつくることが大切です。会社が強く成長・発展するためには、どんな職人でも、自分で考え行動できる職人に育て上げることができる、職人育成の仕組みがなければなりません。

職人の仕事というのは、言われたことをただやっていればいいというものではありません。仕事をとおして学んできた経験を活かし、お客様によりよい提案をしたり、お客様が喜ぶようなことを常に考えて仕事をすることが、職人らしい仕事の仕方と言えます。

ここで、私が尊敬する先輩パン職人に教えていただいた言葉を載せておきます。

「お客様の喜ぶことを常に考えなさい。お客様の喜ぶことを実際に行動に移しなさい。そして、お客様の喜んでいる姿を見て自分もうれしくなり、喜べるような職人になりなさい」

千葉県船橋市に本社がある「ピーターパン」の横手和彦会長から教えていただいた言葉です。このような職人になれるように精進しましょう。そして、このような職人を育成できるように取り組みましょう。

# 6 やる気を出させ、やり方を教え、やる場をつくる

## ○「できない、やれない思考」と「できる、やれる思考」

物事をはじめる前に、「やる気」を出させることはとても大事です。やる気がないと、うまくいくこともうまくいきません。

私も、職人として多くの技術を身につけてきましたが、やる気があるときは技術の習得スピードがとても速く、難しい技術でもすんなりと身につけることができました。しかし、心身に不調があり、やる気が出ないときにはなかなかうまくできませんでした。やる気というのは、物事に積極的に取り組もうとする目的意識ですから、やる気があるのとないのとでは、自ずと結果に差が出てきます。

この「やる気」の話をすると、精神論とか根性論のようなものになってしまいがちですが、一概にそうとも言えません。職人育成がうまくいくかどうかも、まずこのやる気がとても重要な要素を占めます。

私は、「やる気」を理解するために20年前にある研修を受けました。その研修は可能思考研修というものなのですが、「やる気」が出ない状態、つまり否定的、消極的な心の持ちようを、「や

**【図表4　思考、意識を変える】**

| できない、やれない思考 | できる、やれる思考 |
|---|---|
| できない理由が先に出る | できる方法を考える |
| すぐにあきらめる | 最後までチャレンジする |
| 行動せず先延ばしにする | すぐに行動する |
| 自己中心的に考える | 人の喜ぶことを考える |
| 失敗をいつも恐れる | 成功をイメージして行動する |
| 他人のせいにする | どんなことにも感謝できる |
| 職人目線 | お客様目線 |

る気」のある肯定的、積極的、建設的な心の持ちように変えるというものでした。

その内容は概略すると、図表4のようになります。

やる気が出ない状態は図の左側です。思考が、不可能（できない、やれない思考）の状態になっているのです。たとえばこんな感じです。

先輩職人「○○君、今日中にこの面積をきれいに仕上げてください」

新人職人「○○先輩、僕にはそのような技術はありません。難しくてできませんよ」

最初からできない理由を考え、できない理由が先に出るのです。「できない、やれない思考」の状態では、物事を継続することができません。すぐに妥協したり、投げ出したり、あきらめてしまいます。

物事を継続できない人には難しい技術の習得はでき

ません。

早く一人前の職人になりたいと考えているのであれば、「できない、やれない思考」から、「できる、やれる思考」に変えなければなりません。

思考が、可能（できる、やれる思考）の状態になっていると、困難や障害が出てきたときにも、どのように対処するか、できる方法を考えるようになります。そして物事をあきらめず、最後までチャレンジするようになります。行動も先延ばししません。即行動するようになります。

ちなみに私の会社の壁には、「すぐやる。必ずやる。できるまでやる」と書かれた紙が貼ってあります。これは日本電産会長の永守重信氏の言葉なのですが、職人育成にはピッタリだと思い、15年前に経営理念の横に掲げました。

## ○「やり方」にも上手な伝え方がある

思考が不可能と可能のどちらの状態になっているかを見極めるのは、とても簡単です。

思考が不可能の状態になっている人は、考え方が自己中心的で、周りの人たちとの人間関係がギクシャクして物事がうまくいきません。

一方、思考が可能の状態になっている人は、人の喜ぶことを考えて行動しているので、周りの人との人間関係がとても良好です。自分だけで仕事をしてもうまくいくし、チームで仕事をしてもよい結果が出ます。
やる気は、この可能思考からはじまるのです。

「やる気」が出たら、次に「やり方」になります。やり方を適切に伝えられなければ、やる気も空回りしてしまいますから、教える側がしっかりとやり方を伝えられるように準備しておく必要があります。過去に職人育成に数多く取り組んできた会社なら、ある程度蓄積されたもの（マニュアルや指導要綱等）があって、それに従ってやり方を教えているでしょう。

やり方は、仕事を一つひとつの動作に分解して考えるとわかりやすくなり、5W1Hで相手に伝えると、理解してもらえると思います。

やり方を教えるのにも、下手な先輩職人と上手な先輩職人がいます。

教え方が下手な先輩職人の特徴は、教えるというよりも命令口調で、高圧的・威圧的です。私が横で聞いていても、職人の育成について勘違いしているのではないかと思うときがあります。教わる側のことを考えずに、自分本位に言いたいことを言っているようにしか聞こえません。新人職人に、今のやり取りでやり方が理解できたかを確認すると、ほとんどの場合NOです。

一方、教え方が上手な先輩職人は、口調がとても穏やかで説明が丁寧、なおかつポイントが明確です。教わる側の気持ちをよく理解しており、質問に対しても的確に答えています。

教え上手な先輩職人は、常日頃から新人職人に目を向けて積極的にコミュニケーションを取り、信頼関係もできています。

最後は「やる場」になりますが、私の会社では練習のやる場になっているのが、2章で紹介する「壁の匠　左官道場」です。そして、私たちの仕事は左官ですから、実際に仕事としてやる場になるのはお客様の現場です。

私は経営者ですから、職人がやりたくてウズウズするような現場を探してくるのが仕事です。職人がいきいきと仕事ができる「やる場」をつくるのが経営者の役目です。

## 7 文武両道の職人育成法

### ○左官職人の文武両道

私は、小学生のときから高校まで剣道を嗜んでいました。そのときの先生が、剣道が強くなりたければ、「文武両道でなければいけない。そして、よい技術というのは優れた人間性の上に成り立つんだよ」とよく言っていました。そのころの教えが、今の職人育成に役立っています。

職人育成にはバランスがとても大事だと思います。私が現場で左官の修業をしていたころは、技術に自信（過信）がある職人はとても威張っていました。しかし、マナーや知識はない人が多かったように思います（周りから見ると、とても格好悪かった）。

その反対に一流の職人は技術があり、マナーもよく、仕事に対する経験も知識も豊富でした。そしてバランスの取れた職人さんは実に格好よかった。このような人に指導を受けたいと思ったし、私自身もそのような職人になりたいと考えて仕事に取り組んできました。

さて、この項のタイトルにある「文武両道」という言葉ですが、私なりの解釈で言うと、「これからの職人は技術だけでは生き残っていけませんよ」ということではないでしょうか。とくに技術職の職人は、技術と知識のバランスが大切だということをよく認識しておきましょう。

## ○左官職人としてのプロの仕事

それでは、ここでひとつ例をあげてみましょう。

左官の仕事では本当に多くの材料を使います。壁材の種類だけでも毎年、ものすごい勢いで増えています。現在市場に出回っている壁材の種類は数千、数万にもなるでしょう。

左官というのは、その壁材を壁に塗りつけてきれいに仕上げる仕事です。塗る材料が一種類であれば、乏しい知識であっても技術で無難に仕上げることができるかもしれません。

しかし、現在では多種多様な材料があり、下地の材質にもさまざまな種類があることを考えると、問題が発生する要因は無限にあると考えたほうがいいでしょう。下地との相性や材料の調合方法等により、施工不良が起きる可能性があります。

それに対応するのが経験と知識なのです。たとえば、下地がコンクリート（セメント＋砂利＋砂＋水）、もしくはモルタル（セメント＋砂＋水）のようなものである場合には、壁材を塗る前に十分に下地が乾燥しているかの確認が必要です。その他の材質でも、表面の状況をよく観察する必要があります。

下地面の確認ができたら、下地と塗材《ぬりざい》の付着をよくするためにプライマーを塗布します。このプライマーという材料にもさまざまな種類があります。どれを使うかは経験や知識が必要になってきます。塗り方も施工要領書（説明書）等に記載されていることを熟読して、施工不良等が起きないようにする必要があるのです。それがプロというものです。

しかし、自分の技術を過信している職人は、経験と知識の部分をないがしろにします。「細かいことはいいから」と施工要領書などを見ずに塗りはじめてしまうのです。そうすると当然、施工不良になります。このような職人は、言い訳を残して逃げてしまいますが、プロとして本当に恥ずかしいと思います。

私の仕事の事例をお話ししてきましたが、他の職種でも建設業の仕事は似たような要素があり、問題を起こしがちなのは技術に過信がある職人ではないでしょうか。

もう一点、このような職人は現場での安全も疎かにします。私の経験上、現場で労災事故を起こす可能性が高いのも、技術に過信がある職人です。一事が万事なのです。

## ○優れた人間性が備わっていなければ横綱にはなれない

「文武両道」の職人育成を行なうためには、指導する側が新人職人のお手本にならなければなりません。自分の行動は棚に上げて、後輩職人だけを「文武両道」の職人に育て上げることはできません。率先して先輩職人が学んでいる姿を見せることが大事です。

学ぶという言葉の語源は、「真似ぶ（まねぶ）」だそうですから、先輩職人が「文武両道」の職人であれば、自ずと後輩職人も「文武両道」の職人になるわけです。会社であれば、全社をあげて学ぶ社風を創ることが、職人育成の仕組みづくりの鍵になります。

ここで、剣道の植竹先生からいただいた言葉を紹介しましょう。「**技術は優れた人間性の上に成り立つ**」と「**無文句作実力**」という2つの言葉です。

植竹先生曰く、「相撲の横綱は、相撲の技術が一流で強いのが当たり前。しかし、それだけでは横綱にはなれない。優れた人間性が備わってなければ横綱にはなれないのだ。優れた技術というのは優れた人間性の上に成り立つのだ。技術を高めたければ人間性を高めなさい」

剣道をやっていた中学生時代の写真

もうひとつの「無文句作実力」という言葉ですが、これは「実力もないのに不平不満を言うのではなく、文句を言わずに実力をつけることが大切だ。実力が身につけば文句を言う必要がなくなる」というものです。

現在、職人の育成をしていて、この2つの言葉がピッタリと当てはまると感じています。今だから言えるのですが、剣道でしごかれているときには、先生のことをあまりよく思っていませんでしたが、今ではとても感謝しています。

これからも植竹先生の教えをしっかり守り、ときには憎まれても、若い職人をガンガンしごいていきます。後輩職人を指導育成する立場にある経営者や先輩職人は、私の剣道の恩師のように、ときには嫌われる勇気も必要だと思います。

## 8 これからの職人育成のポイント

これからの職人育成のポイントを、私の経験から以下の3つにまとめてみました。

**【職人育成ポイント①】経営理念を掲げ、職人のマインド・イノベーションを図ることが大切**

経営理念には、組織をまとめ、同じ方向に向かわせる力があります。明確に会社のビジョンや自分たちの将来のあるべき姿を示すことで、職人の意識改革を図ることができます。当社が重要視したのは、礼儀・技術・知識の3つです。

まず、ひとつ目は**礼儀（マナー）の向上**です。私が職人修業時代に感じた業界全体のマナーの悪さは、直接的にも間接的にも業界と職人のイメージダウンにつながっていました。職人＝マナーが悪いというイメージを払拭して、礼儀正しく爽やかな職人を育成することにより、職人のイメージアップを図っていく必要があります。この部分が顧客からの支持や若者の入職につながるのです。

2つ目は、**技術の向上**です。今も昔も職人のアイデンティティは、やはり技術ではないでしょうか。私の会社では、「壁の匠　左官道場」という社内技術訓練場を併設しています。左官道場では、職人同士が日々切磋琢磨し、技術指導と技能検定に向けた練習を続けています。職人たちには技術向上がお客様の喜びをつくるのだと伝え、精進してもらっています。

3つ目が、**知識の向上**です。インターネットの急速な普及により、以前はプロしか知ることができなかった専門的な知識を、今では一般の人でも簡単に得ることができるようになりました。昨今では特殊な材料も、ネット通販で誰でも手軽に購入できてしまうのです。

しかし、私たちはプロです。職人であることのプロ意識を持ち、施工方法や新しい材料の知識を豊富に取り入れ、顧客のニーズに敏感に反応し、常に対応できるようにすることが重要なのです。

職人の育成では、以上の3つをテーマに、バランスの取れた向上が必要であると訴え続けています。その他にも、月1回の全社会議や社内勉強会、毎週の会社の近隣清掃活動、毎朝行なうラジオ体操とコーチング型朝礼等、他社の事例などを参考にして、よいものは積極的に取り入れ、よい習慣を全社員で身につけられるような仕組みをつくっています。

## 【職人育成ポイント②】ＯＪＴとＯＦＦ-ＪＴを効果的に組み合わせる

当社の職人育成では、ＯＪＴ（職場内教育訓練）とＯＦＦ-ＪＴ（職場外教育訓練）を行なっています。

技術面については、左官道場と現場で指導教育をしています。これが、いわゆるＯＪＴにあたります。さらにＯＦＦ-ＪＴを取り入れています。ＯＦＦ-ＪＴとは、職場を離れて会社外で行なう研修です。業界や職種を超えた集合研修やセミナー等もＯＦＦ-ＪＴになります。業界の中での技術・技能講習等を含め、新入社員研修、可能思考研修、リーダーシップ研修やコミュニケーション能力・マナー研修、営業スキルアップ研修等さまざまなものがありますが、当社では順次すべての職人に受講を勧めています。

当社がＯＦＦ-ＪＴを取り入れたのは、今から20年前になります。当時社内では、技術のある職人が幅をきかせており、社外研修などは仕事に直接役に立たないという理由で、取り組まない、若手職人にも取り組ませないという風潮がありました。

職人は技術以外のことには、前向きに取り組まない傾向があります。しかし私は、社内で指導教育することが困難であるものについてはＯＦＦ-ＪＴで行なったほうが理解が深まり、効果的なのではないかと考えました。ですから、当時の職人とは衝突することがたびたびありましたが、時間をかけて一人ひとりと話し合い、説得しました。自分が必ず職人より先に受講し、職人にも学んでほしいと思ったものは積極的に受講を勧めました。

ＯＦＦ-ＪＴについては、受講料や交通費、宿泊費はすべて会社負担です。つまり、業務として取り組んでもらいました。その結果、数年をへて効果が徐々に現われ、顧客満足にもつながって、利益も出るようになったのです。

**【職人育成ポイント③】多能工化・多職能化による効率化、時間短縮による職場環境の改善**

ＯＪＴとＯＦＦ－ＪＴの効果的な取り組みで得られた成果が２つあります。

ひとつは、「**職人の仕事は、技術以外でも付加価値をつけることができる**」ということです。これは、お客様に喜んでいただけるのはどちらか、ということを考えればわかるのではないでしょうか。マナーのよい職人と悪い職人、知識の豊富な職人と乏しい職人、常に向上心を持って学ぶ職人と学ばない職人。私が仕事を依頼するとすれば、間違いなく技術以外の付加価値を持った職人です。

そして２つ目は、「**職人の仕事は多能工化と多職能化の両面で効率化を図ることができる**」ということです。多能工というのは自社の専門分野だけでなく、周辺分野の作業まで網羅している職人です。当社では、左官の他にタイル・ブロック・レンガ・石・防水・塗装等の工事も行なっています。多能工の職人育成については、ＯＪＴで指導教育を行なうことで、幅広い分野の技能を身につけてもらいます。

もうひとつの多職能というのは、あまり聞いたことがない言葉だと思いますが、当社ではＯＦＦ－ＪＴを活用することにより、職人に現場での作業以外に、現場管理・原価管理・広報・

営業・プラン作成・作図・見積り・職人育成・イベント企画・経営計画等々、さまざまな職能を身につけるように指導教育しているのです。

当社の職人は自ら現場の施工写真を撮り、ホームページやブログに記事を掲載することができます。ＳＮＳで情報発信し、会社のＰＲをすることもできます。個々にノート型ＰＣを貸与しているので、作業日報・現場管理・原価管理、会議資料の作成等も自ら行ないます。

この職人の多職能化は大企業にはない発想でしょう。しかし、中小・零細企業、とくに10人未満の会社の社長は、みな多職能です。経営業務・営業業務・積算業務・集金業務をこなし、現場が忙しければ現場作業もします。プレイングマネージャーとして何でもこなさなければならないのが小さな会社の経営者なのです。

この発想を当社は職人にも当てはめているのです。決して一つひとつの作業が完璧だとは言えませんが、すべての職人が当たり前にさまざまな作業を行なっており、相互にサポートしているので、以前に比べると大幅に作業の効率化が実現しています。チームワークで社内業務を行なうことで時間短縮にもなり、職場環境の改善にもつながっています。

# 2章

# そうだ！
# 社内に職人育成道場をつくろう！

# 1 中途採用が生み出した職人育成道場

## ○職人育成のためにつくった「壁の匠　左官道場」

私は、小学校高学年の3年間と中学の3年間、そして高校の3年間、剣道をやっていました。この9年間、毎日通っていたのが剣道の道場です。道場では、毎日厳しい稽古をしていました。何のために稽古をしていたのか。それは剣道の技術を高めるためです。私の剣道の恩師植竹先生はとても厳しい先生でしたが、教えるのはとても上手でした。おかげで私たちの学校は、剣道大会ではいつも優勝か上位の成績でした。

剣道の技術は先生だけでなく、先輩からも学びました。剣道はとても強くても指導がまったくダメな先輩もいれば、剣道の技術は大したことはなくても後輩からの信頼が厚く、とても指導が上手な先輩もいました。

私は、どちらかと言えば、前者の先輩よりも後者の先輩のほうに稽古をつけてもらったほうが技術のレベルが上がりました。自分で、指導してくれる先輩を選ぶことはできませんでしたが、極力その先輩に相談をしたり、自主練習のときの指導をお願いして稽古をつけてもらっていました。そうやって、毎日の道場通いで剣道の技術を高めたことを覚えています。

職人育成のために道場をつくる

この剣道の道場で学んだ9年間が現在の、私の職人育成の考え方のベースになっているように思います。

社会人になり、父が経営していた会社に入り、職人として修業していたころは技術の練習をする場はなく、いつもぶっつけ本番で仕事をすることに不安を持っていました。現場では失敗ばかりで、自信をつけるのに時間がかかりました。この経験から、私の会社に職人育成のためにつくった道場、それが「壁の匠　左官道場」で、2014年8月にスタートしました。

## ○常設のトレーニング施設で練習

この職人育成のための「壁の匠　左官道場」をつくるきっかけとなったのは、わが社に2名の中途採用があったからです。この2名が入社するまでの職人育成の仕方は、先輩職人と一緒に現場に行って、先輩職人の手元を見ながら、ときおり技術指導してもらうという形でした。

きちんとした指導マニュアルがあるわけではなく、指導方法は先輩職人に任せきりの状態でした。結果として、新人職人の離職率は非常に高く、3年以内の退社が続いていました。

今回は、せっかく採用した2名の人材に、同じ轍《てつ》は踏ませたくないと真剣に考えました。そして、職人育成がうまくいっている会社を探し、どのように職人育成をしているのかを参考にしながら、当社独自の職人育成の仕組みをつくることを考えたのです。それが「壁の匠　左官道場」です。

この職人育成道場には、技術を高めるための仕組みがたくさんあります。ひとつは壁塗りの基礎を学ぶための壁塗りトレーニングの架台《かだい》です。架台には畳一畳分の板に縁枠をつけて、模擬的な真壁《しんかべ》がつくってあります。真壁は柱が露出している壁で、和室や外装仕上げに用いられます。

この架台で壁塗りのトレーニングをします。時間を決めて、1時間に20回の塗り剝がしができるように練習します。この仕組みは、業種によっていろいろカスタマイズできると思うので、応用していただければと思います。同じ動作を反復継続することで技術は格段に上がります。

もうひとつは、技能検定のための練習架台です。私たちの仕事（左官）には、技能検定というものがあります。3級からはじまり2級があり、1級左官技能士は国家資格です。実技と学科の試験があり、「壁の匠　左官道場」では、1級と2級の技能検定用の架台を2台ずつ常設しています。

なぜ2台ずつあるかというと、1台は先輩職人が後輩職人にやり方を見せて教えるためのものです。もう1台が、実際に練習する架台になります。以前は1台でやっていましたが、とても教えづらくて学びにくかったのです。この仕組みは、ある教育番組でピアノを2台、横に並べてレッスンをしているのを見て、なるほどと思って取り入れてみました。

技能検定前日には、最終練習として試験本番さながらに、指定された時間どおりに実技工程を行ない、そのようすをさまざまな角度からビデオカメラで撮影、編集して記録に残します。DVDは2セットつくり、1セットは受験者本人に記念にプレゼントし、もう1セットは会社で保存して次年度受験する後輩職人に教材として渡します。このDVDは指導時間の短縮と効率化に大いに役立っています。

当社では、よりよい映像として残したいので、撮影はプロのカメラマンにお願いしているため費用がかかっていますが、自分たちで撮影し合うのでもよいでしょう。DVDの撮影は、ゴルフのレッスンなどで行なわれているやり方を応用したにすぎません。他の職種でも、このような指導方法を取り入れると、技術レベルの向上に役立つでしょう。

## ○工夫しだいで費用がかからず、効果は絶大

ここまででご紹介したのは、職人育成道場の一部の機能です。他の機能や効果についても、この章で述べていきます。

「壁の匠　左官道場」は、職人育成で結果を出している多くの企業の事例を参考に、当社ならではの仕組みをつくり上げたものです。まだ完成形ではなく、現在進行形で毎日進化しているという状態です。

自社に職人育成道場をつくるには多額の費用がかかるのでは？　と考える人もいると思いますが、当社の左官道場は、資材置き場に仮設でつくったものにすぎません。架台等も状況に応じてタイムリーに変更可能なように、仮設足場や単管等を使っています。自分たちで創意工夫すれば、費用はさほどかかりません。

職人育成道場があるのとないのとでは、効率と効果は大違いです。私が学んだ剣道でも、道場なくして強いチームをつくることはできなかったでしょうし、高校野球の強いチームも、グラウンドは自分たちできれいに整備し、練習も独自の工夫がなされているものです。

# 2 やる気・やり方・やる場の場づくり

## ○モチベーションが上がる3つの条件

ある学習塾のテレビCMで、「やる気スイッチ」という言葉が流行りました。おそらく私にもやる気スイッチがあり、誰かに押してもらったのか、それとも自分で押したのかもしれませんが、私はやる気スイッチ全開で日々の仕事に楽しく取り組んでいます。

現在、会社の中にやる気が感じられない職人がいたとしても、その職人にもやる気スイッチがどこかに隠れているし、今後、入社してくる新入社員にもやる気スイッチは必ずあります。

私は前著で、「どんな人でも、教育によってよい職人に育てることができる」と書きました。しかしそれは、学ぶ側にやる気があれば、という条件つきでした。やる気がなければ、どんなによい先輩職人や指導者がついてもうまくいくことはありません。

やる気は、モチベーションという言葉に置き換えられることもあります。「あの人、モチベーションが高い（低い）よね」という感じです。モチベーションとは、人が何か行動をする際の動機づけや目的意識です。職人が仕事をする上では、モチベーションが高い状態で長期間持続できれば一番よいのですが、なかなか持続させるのは難しいものです。

私が自分自身のことを考えた場合、モチベーションが上がる条件は次の3つです。

①心身ともに健康な状態にあるとき
②周りとの人間関係がとても良好なとき
③ほめられたり、必要とされたとき

**①心身ともに健康な状態にあるとき**

仕事が順調に進み、仕事に影響が出るような個人的な悩みもなく、体調もよいときには、私のモチベーションは上がります。絶好調という感じです。逆に、心身ともに不健康な状態では、モチベーションを上げたくても上がりません。

体の健康については常日頃の体調管理に気を遣う必要があり、精神的な面は仕事とプライベートのメリハリをつけるなどのメンタルヘルスが重要になります。気軽に相談できる人が周りにいることも、健康維持の要因になります。

**②周りとの人間関係がとても良好なとき**

お客様との人間関係、社員との人間関係、取引先との人間関係が良好であれば、やはり私のモチベーションは上がります。職人育成ではこの部分がとても大事です。

まず、人間関係がうまくいっていないと職人育成もうまくいきません。やる気がない職人の育成はうまくいかないと前述しましたが、周りとの人間関係を良好にすれば、職人のやる気を引き出し、職人育成もうまくいくのです。

人間関係は、常日頃のコミュニケーションの質と量で決まります。職人育成の場合は、先輩職人のほうから意識して、後輩職人とのコミュニケーションを密に取るべきです。

### ③ほめられたり、必要とされたとき

私の場合は、よい仕事をして、お客様にほめられると、モチベーションが上がります。

私は、「**仕事の報酬は仕事**」という言葉がとても好きで、まさにそのとおりだと思います。よい仕事をしてお客様に喜んでいただき、また次のやりがいのある仕事を依頼される。また、お客様を紹介していただいたときもうれしいと感じます。お客様から自分が必要とされていると感じると、さらにやる気が出ます。

職人育成のやる気スイッチも、ここにヒントがあります。現場での成功体験を積ませて職人をほめることです。先輩職人は後輩職人を指導する際には、できたことをほめるように心がける、お客様がほめていたことを伝える、社長がほめていたと伝えてあげることは効果があります。

## ○現場作業の予習をさせよう

ここまで、「やる気」について述べてきました。

次は「やり方」になりますが、やり方を教えるのに最適なのが、職人育成道場です。前項で、私の会社では職人育成道場の架台等は状況に応じてつくり変えると言いましたが、現場の仕事をさせる前に、現場の状況を想定して架台をつくり、指導・練習させるとよいと思います。

日常で行なう作業内容に関しては、反復練習で精度を高める訓練をすることが大切ですが、初めての体験になるような作業内容については、現場で作業してもらう前に先輩職人が事前レクチャーすることが効果的です。

できなかった作業が、練習でできるようになったら、その場でほめてあげることです。練習ではありますが、職人育成道場での成功体験をより多く積ませることが、職人の成長につながると同時に自信にもなります。予習することにより、予備知識を持って現場に入ることで、失敗することなく、さらに現場で成功体験を積むことができます。

## ○職人育成道場はさまざまな人とのコミュニケーションの場

この項でのまとめになります。やる気・やり方・やる場の「やる場」づくりです。それが職人育成道場です。

やる気がない職人の教育はとても難しいことですが、やる気になっている場合は思いのほか、職人育成はスムーズにいきます。物事に前向きに取り組み、学ぶ意識の高い職人は、カラカラのスポンジが水を吸い込むような勢いで技術を身につけていきます。

しかし、職人がこのような状態になっているのに、練習する施設がなかったら、本当に大切な機会を失うことになります。職人育成道場は職人にも会社にも必ず好循環をもたらします。

私たちがつくった「壁の匠　左官道場」では、一般の人、お客様、入社希望者に壁塗りの体験をしてもらうことがあります。ほとんどすべての人が壁塗り初体験で、道具の使い方も塗り方もわからない状態です。

そこで一度、私たちが塗っているところを見ていただいてから、見よう見まねで塗ってもらいます。壁塗り体験をするとさまざまな反応があります。一般の人は、難しいと言いながら、楽しそうに何回も何回も塗っています。お客様は、これから仕上げる壁にさらに興味を持ち、たくさんの質問をしてきます。入社希望者は、面談でより多くの質問・意見を出してくれます。

左官道場がなかったころには、このようなコミュニケーションはありませんでした。職人育成道場をつくるメリットは、職人の育成だけではありません。採用、集客にも活用できるのです。あなたの会社の、独自の職人育成道場をさっそくつくってみましょう。

## 3 技術力向上と研究開発の場づくり

### ○「壁の匠　左官道場」での職人育成の仕組みづくり

職人育成と技術力向上の場として、「壁の匠　左官道場」は2014年に設立しました。当時の会社の状況は、数名の中途採用（左官未経験者）をしたこともあり、全体的な技術力は低下していました。現場での生産性も落ちて、利益もなかなか上げられない状態でした。そこで、早急な改善が求められていました。

建設業界全体の労働環境について言えば、働き方改革への取り組みや社会保険の未加入問題、労働時間短縮等が叫ばれていました。こうした諸問題に対して、全般的に改善されていないのが建設業界であり、職人業界だったのです。

このような状態ですから、生産性の向上や人材の確保、職人育成の仕組みづくりもできていないところがほとんどでした。私の会社では、若干の人材の確保はできていましたが、他社と同様に早急に取り組まなければならない課題が山積していました。その中でも当社がもっとも重視したのが、職人育成の仕組みづくりでした。

まずは、先輩職人の丁寧な技術指導の後に、新人職人に自主トレーニングとして反復練習に取り組んでもらうようにしました。問題が起これば、そのつど、どのようにすれば個々のスキルアップ、会社全体の技術レベル向上につながるかを全社員で話し合い、改善に取り組みました。

「壁の匠　左官道場」での新しい試みのひとつとして、技術レベルの高いベテラン職人の壁塗りフォームを撮影してお手本にしたり、日本左官業組合連合会が制作した左官実技検定用のＤＶＤを技術指導に活用しました。

職人同士で、自分が塗っている姿をビデオカメラで撮影し合い、自分の塗り方のフォームとベテラン職人の塗り方フォームを比較して、自分の塗り方の研究もしました。

また、架台を2台並べてセットして、先輩職人の壁塗りフォームがよく見えるようにして、よりわかりやすく丁寧に技術指導しました。

## ◯道場に新たな機能が生まれた瞬間

「壁の匠　左官道場」を立ち上げてから1年が経過したころ、私はもっと効率的に技術力を向上させ、生産性を上げる方法はないかと考えました。

そんなときに、毎月1回開催されている早朝会議の席で、「壁の匠　左官道場」の新たな活用法について、次のような意見が出ました。先輩職人から、「『壁の匠　左官道場』に工具の手入れや加工する機械を入れてもらえないか」という提案があったのです。

「壁の匠左官道場」の工具用メンテナンス機械

その職人の話を聞いてみると、今までは道具の手入れは、現場で作業をしていて不具合を感じたときに、そのつど自分たちでするようにしてきたそうです。しかし、仕事が忙しいこともあり、なかなか現場では道具を手入れする時間が取れないと言うのです。だから、「壁の匠左官道場」で新人職人を指導しているときに、時間に余裕があれば道具の手入れもしたい、ということでした。先輩職人も、新人職人が自主練習で壁塗りトレーニングをしている間に、技術力向上と生産性向上に貢献できるようなことをしたい、という提案でした。

そこで早速、鏝《こて》や工具の手入れに必要な電動砥石やベルトサンダー、ジグソー等を導入したところ、自分たちで道具の手入れをするのと同時に、使いやすく改良を加えるようになりました。これには私も驚きました。道具を使ってみて不具合があれば、より使いやすく改良を加えてカスタマイズしているのです。さらに改良した情報を職人同士でシェアしているのです。

このとき、「壁の匠　左官道場」は技術の向上の場としてだけではなく、道具の研究開発の場としても活用できると考えたのです。これは思いもしない副産物でしたが、技術力向上に研究開発力が加われば、飛躍的な生産性の向上にもつながります。道場の相乗効果が生まれた瞬間でした。

## ○一流の職人とできない職人の差

私は仕事をしながら、多くの職人さんの道具箱や鏝を見せてもらっています。一流と言われる職人さんの道具箱や鏝は、やはり一流です。とてもきれいに手入れしているのと同時に、常に使いやすく整理整頓されています。

それと、もうひとつのことに気がつきました。些細なことかもしれませんが、道具は購入したままの状態ではなく、自分自身が使いやすいように改良が加えられているのです。

仕事のできない職人の鏝はどうなっていると思いますか？　おおよそ想像がつくと思いますが、壁材がこびりついていたり、錆びついていたり、傷だらけになっています。まったく手入れしておらず、これではきれいな壁が塗れなくて当然です。道具箱についても同様で、乱雑に道具が入れられています。この状態では効率的な仕事はできないでしょう。

結論から言うと、道具を粗末に扱う職人は、絶対に結果の出せる職人にはなれません。

これはプロスポーツ選手を見ればわかりやすいかもしれません。たとえば、プロ野球のイチロー選手がどのような道具の扱い方をしているでしょうか。イチロー選手は自分のグローブやバット、スパイクの手入れは必ず自分で行なうそうです。丁寧に念入りに、自分が納得いくまで時間をかけて手入れをするのです。そして、自分の体に合わせて微調整し、改良を加えてカスタマイズしているのです。

このような点にも着目して、道場での職人育成に役立てたいものです。技術とともに道具の手入れの仕方、道具の研究開発も盛り込めば一流の職人に近づくのではないでしょうか。

技術力を向上させながら自分たちが使う道具に改良を加え、どうしたらより速くきれいに仕上げられるかを常に考えられる職人が育てば、すばらしいと思いませんか。

なおかつ、職人同士がその情報を共有し合える仕組みが構築できたとすればどうでしょう。会社やお客様から必要とされる、結果の出せる職人が増えますよね。技術力向上と研究開発の場として大活躍する、職人育成道場をぜひ社内につくりましょう。

# 4 道場は見学・体験いつでもＯＫ

## ○左官道場は満員御礼

２０１４年8月に「壁の匠　左官道場」は設立され、４年間で実に１０００人以上の人が、見学および壁塗り体験に来られました。ほとんどの人が、間近で壁を塗っている職人の姿を見たことがなく、ましてや壁を塗るのは初体験です。

よく考えてみると、壁塗り体験などは、当社の「壁の匠　左官道場」でしかできないことなのかもしれません。なぜなら現在は、ほとんどの新築現場は安全管理が厳しくなっており、工事業者や関係者以外は立入禁止になっているからです。

「壁の匠　左官道場」で行なわれていることは私たちにとっては日常であっても、一般の人にとっては非日常のことです。壁塗り体験は、まるでキッザニアで初めて職業体験をする子供のような思いになるのではないでしょうか。そうなのです、壁塗り体験はワクワク・ドキドキするものなのです。

「なぜ、この左官道場に来られたのですか？」と聞いてみると、さまざまな答えが返ってきます。たとえば、「ぜひ左官道場で壁塗り体験をしてみたかった」というご家族がいらっしゃいまし

「壁の匠　左官道場」に
大型バスで50名の見学者が来られました

た。就活中の学生さんは、「いろいろな仕事を体験してみたい」という目的で道場に足を運んでくれたそうです。職人という職業を就職の選択肢として考えてくれている学生さんもいました。当社には、実際に左官道場で壁塗り体験をしてから入社してきた人もいます。

その他にも、「自分の家の壁を自分で塗り替えたい」というＤＩＹ好きの奥様。この奥様は、かなり長い時間、壁塗り体験をされ、当社の職人が困ってしまうくらい質問攻めにしていました。

同業者で、自社に職人育成道場をつくろうと考えている経営者の方も見学に来てくださいました。決して広いとは言えない左官道場に、大型バスで来られた団体さんもありました。人材育成の仕方を研究されている大学院の教授と研究員の方たちで、このときは「壁の匠　左官道場」は満員御礼状態で熱気ムンムンの中、当社職人による壁塗り実演とスーツ軍団による壁塗り体験会になりました。

四年間の間には、取材も結構ありました。新聞やラジオ・テレビ等のマスコミ関係者。県や市の産業振興関連の人たち、ハローワークの方が来られたこともありました。さらに建材メーカーの営業関係者や商社の人たちなど。本当に多岐にわたる人たちが「壁の匠　左官道場」に来られました。どうして、このように鮮明に覚えているのかというと、道場に来られた人とは必ず、入口に大きく掲げられた看板の前で記念撮影をしているからです。

## ○職人育成道場をつくらないリスクは大きい

では、なぜこのように多くの人たちが、「壁の匠　左官道場」に来てくださるのでしょうか？自分なりに分析してみました。私たちの地域や業界に、今までこのような施設がなかったことがまず第一でしょう。今までありそうでなかった施設ができたわけですから、来られたみなさんはとても喜んでくださいます。

職人育成道場をつくったことで、多くの人たちに喜んでいただけたのは本当によかったと思います。それと同時に、会社の中にもさまざまな効果がありました。

ここで、効果の大きかったものを3つ挙げます。

### ①会社内の職人同士のコミュニケーションがとてもよくなった

**②一般の人たち、地域の人たち、業界の人たちといった多くの人たちと職人の接点が増えた**

**③新卒、中途採用を含めて、若者の採用に効果があった**

左官道場をつくって、社内の雰囲気がよくなったと感じることが多くなりました。デメリットを感じることはほとんどありません。

職人育成道場は、施設の大小や設備のよし悪し、仮設なのか本格的なものなのかなどは関係ありません。経営者自身が職人を自社内でしっかりと育成していこうという信念を持ち、全社員を巻き込むことです。全社員のコンセンサスが取れれば、善は急げです。早速、あなたの会社にも職人育成道場をつくりましょう。今はじめれば、必ずあなたの会社にも、あなたの地域にも、そしてあなたの業界にもよい影響があるでしょう。

この項で大事なことが2つあります。ひとつは、「**職人育成道場をつくるリスクより、つくらないリスクのほうが大きい**」ということです。もうひとつは、「**会社の将来は自社投資で決まり、職人の将来は自己投資で決まる**」ということです。

会社の将来を見すえて、積極的に職人育成の仕組みづくりをしていきましょう。

# 5 道場に足を運ぶとモチベーションが上がる環境づくり

## ○「壁の匠　左官道場」の進化プロセス

「壁の匠　左官道場」の外観は、一般住宅で使われている外壁材を用いたシンプルなものです。正面入口の壁面には、筆文字で「壁の匠　左官道場」と書かれた白いシートがとても目立つように掲げられています。

施設の内部は単管パイプや足場材などを用いて、ほとんどがすぐにでも撤去できるような仮設です。そのときその場の状況に応じて、自在にカスタマイズができるような構造になっています。屋根の高さや照明の位置、間取りも棚の高さも自由自在に調整することができます。

なぜこのようなつくりになっているかというと、施設自体にあまり予算をかけられないということもありますが、これから取りかかる物件や次の現場の工事状況に合わせて、想定課題をつくりやすくするためです。その想定課題で模擬練習がタイムリーにできます。構造の自由度の高さが、壁の匠左官道場の特徴のひとつと言えるでしょう。

そして、もうひとつ特徴があります。道場内はＬＥＤ照明を通常よりも多く配置してあります。会社内の他の部屋よりもずっと明るくしてあるのです。以前はちょっと暗かったのですが、

道場の壁一面に貼られた写真

道場内で練習している職人から「手元が見づらい」「気分が暗くなる」という意見があったので、奮発して照明を増やして明るくしました。

電動工具や追加で照明が取りつけられるようにコンセントの数も多めに配置しています。水回りも、常に道場内がきれいな状態を保てるように大きめのシンクを取り付け、蛇口の数も増やして掃除をしやすくしてあります。その他にも、さまざまな工夫がされているのが、「壁の匠　左官道場」なのです。

現在の「壁の匠　左官道場」がこうした施設になったのは、道場に足を運ぶとやる気が出てモチベーションが上がるように、職人たちの声を反映させて徐々に環境を変えてきたからです。

では、どのように変えてきたのかを、ここではお話ししたいと思います。

## ○堂々と技術の向上を目指そう

道場の壁塗り体験をする架台の後ろの壁には、一面ビッシリとA3サイズのパウチされた写真が貼られています。どのような写真かというと、ひとつは当社の職人が入社前に壁塗り体験をしたときに撮影したものです。

壁塗り初体験の写真ですから、みんなちょっと緊張した面持ちです。まだ左官職人になるかどうかわからない時期であり、入社前ということもあるので、みんな若くてフレッシュですが、硬い表情をしています。ですが、仕事をする上では、「初心忘るべからず」と言います。初心のときの緊張した表情を見れば、改めて気持ちを引き締めてくれます。この写真がひとり1枚ずつ貼られています。

また、新人職人が先輩職人と話し合い、目標設定をして壁塗りトレーニングを行ない、その目標を達成したときの写真、塗り壁トレーニング1000回達成記念に撮影したドヤ顔の写真など、全力を振り絞り、やり抜いたときの自信に満ち溢れた顔の写真が貼ってあります。先輩職人も新人職人も、とてもよい表情をしています。

社員には内緒のサプライズ写真も貼ってあります。社員が現場で仕事をしているときに、家族が内緒で壁塗り体験に来てくれたときの楽しそうな写真、マイチャレンジで参加してくれた学生さんの壁塗り体験での笑顔の写真などです。こうした写真のおかげで、道場は職人たちの血が通ったとても元気になれる空間になっています。

道場をなぜこのような空間にしたのかというと、技術の向上の場にスポットを当てたかったからです。私が、左官の修業をしていたころは左官道場のような施設はなく、あまり人目につかない倉庫の裏のようなところで練習していました。でも、それっておかしいですよね。お客様に喜んでもらうために必死に努力をして、技術を上げようとしているのですから、人前で堂々とやったほうがいい。そう考えて、練習場をメインステージにしたのです。

## ◯道場が進化すれば職人も進化する

私は、できないことに何度も何度も挑戦しながらできるようになっていく、目標に向かって努力をしている人の姿がとても好きです。小さい子供が補助輪なしの自転車に乗りたくて、何度も転びながら日が暮れるまで練習している姿。逆上がりができない子供が、鉄棒を握りしめて繰り返し足を蹴り上げている姿。とてもいいですよね。感動すら覚えます。「壁の匠　左官道場」で練習している新人職人の姿も同じです。周りの職人たちや先輩職人、お客様に感動を与えます。

私は、さまざまなスポーツの練習場や他社の訓練施設等を観察しながら、自社の道場にも活用できるものはないか、と常に考えています。「これはよい」と感じたものは、必ず自社で試すようにしています。ですから、「壁の匠　左官道場」は日々進化しています。創設時のものとはぜんぜん違うものになっているのです。

道場が進化すれば、職人も進化します。つらく厳しい練習でも、楽しんでやるのと嫌々やるのでは成長スピードがまったく違ってきます。経営者だけでなく、全社員で技術向上のモチベーションが上がる環境づくりを推進していきましょう。

テレビで見るオリンピック選手は、つらい練習なしにあの場にいるのではありません。必ず血の滲むような努力をしています。ときには、やめたいと思うこともあるのではないでしょうか。しかし、自分でモチベーションを上げながら、なおかつ周りの人にサポートしてもらいながら、がんばっているのです。

取り巻く環境を改善することで、新人職人のモチベーションを上げることができると思います。よいと思うことはどんどん取り入れて、常に進化する社内職人育成システムをつくり上げましょう。

## 6 道場はつらい場ではなく、積極的に楽しむ場

**○やりたい人が、やりたいときに、やりたいようにやればよい**

職人の仕事は、よく3K（きつい・汚い・危険）と言われます。昔とは違い、現場環境もかな

「壁の匠　左官道場」を見学するようす

り改善されてきてはいますが、依然として、昔のイメージは払拭されていないようです。
　私たちの「壁の匠　左官道場」は、3Y「やりたい人が、やりたいときに、やりたいようにやる」を心がけています。「整理・整頓・清掃・清潔・躾」の5Sを徹底するように周知してはいますが、これといったルールを設けているわけではありません。
「壁の匠　左官道場」について、死ぬほど厳しい地獄の特訓をする、タイガーマスクに出てくる「虎の穴」的なイメージを想像する人もいるかもしれませんが、決してそのような場ではありません。別に強制ではなく、練習をやりたい人が、やりたいときに、やりたいようにやればよいという施設です。
　誰にも気兼ねすることなく、思う存分練習していい場です。ただ以前は、練習したいときにやれる場がなかったのです。だから練習する人がいなかったというだけのことです。

「壁の匠　左官道場」は、当初は中途採用した2名の新人職人に、左官の技術を習得してもらうためにつくったものですが、実際には先輩職人やベテラン職人も練習していました。私も、技能検定前に復習として課題のチェックや工程の順番の確認のために道場を活用しました。

## ○リスクを超えて強い会社をつくる

「壁の匠　左官道場」は資材置き場に併設しているため、当社の職人はほぼ毎日、少なくとも1回は道場に足を運びます。道場には道具のメンテナンスのための機械も数台置いてあるので、道具の手入れをするためにも道場に行くことになります。

道具の手入れをすると、つい試し塗りしたくなるのは職人の性かもしれませんね。気軽に足を運べて、いつもキレイ、そして気持ちがよくなる。「キガル、キレイ、キモチイイ」が、わが社の左官道場流の3Kかもしれません。

職人育成道場は、活用されて初めて意味を持ちます。つくってはみたものの、誰も足を運ばないのでは無意味です。若い職人から敬遠される、つらく厳しい修業の場というイメージではなく、誰もが気軽に足を運べて積極的に楽しめる場にすることです。

この本を読み、早速、自社に職人育成道場をつくってみようと考えて、実際に取り組みはじめた段階では、おそらくあなたの業界ではあまり前例がない試みでしょう。しかし、心配することはありません。業界の中で先陣を切って新しいことに取り組む姿勢は、社内外に必ずよい影響を与えるでしょう。

私が「壁の匠　左官道場」をつくったときに感じたことは、前述したように、やるリスクよりもやらないリスクのほうが大きいということです。何もせずに現状に甘んじているより、新しいことに積極的に取り組みましょう。今いる社員はもとより、取引している企業、お客様もしっかりと見ています。

積極的に新しいことに取り組み、新しい人材を育てていく姿勢が継続されていくと、それがやがて社風になって定着して強い会社をつくることになるのです。

## 7 この工程は何のために必要かを分析し、レポートする力

### ○カリスマ左官職人の力量とは

現場で作業をしている職人さんに、「今の作業は何のためにしているのですか?」と質問をすると「よくわかりません」「いつもやっているので、今回もやっています」というような答えが返ってくることがあります。

もし、あなたが施主だったとして、職人さんからこのような返事が返ってきたらどう思うでしょうか。ちょっと不安になりますよね。明確に答えられないのであれば早急に確認して、お客様に伝えることが大切でしょう。今行なっている仕事にはどんな意味があるのか、を明確に意識して仕事することが、一流の職人になるためのステップでもあります。

一流の職人は、技術だけでなく本当に多くの知識を持っています。私は仕事柄、多くの一流職人と一緒に仕事をしたり、話をさせていただくことがあります。そうした職人は仕事の内容を熟知しており、一つひとつの工程に関しても持論があって妥協が一切ありません。

お寺の左官工事の際に、カリスマ左官職人と言われる植田俊彦親方に技術指導に来てもらったときのことです。最終的な仕上げは漆喰《しっくい》という白い壁です。漆喰を塗るためには、まず宮大工さんが木摺《きず》りという杉板をある程度の隙間を開けて等間隔に貼り、下地をつくります。

この木摺り下地に、どのような材料を塗るかの選定を親方にたずねたところ、伝統工法でのやり方と自分の経験から試行錯誤した独自工法の二通りの施工方法を教えてくれました。

私たちが植田親方と話し合い、採用したのは後者の独自工法でした。この独自工法では、昔はなかった材料を用いることで、木摺りと砂漆喰の剝離を防止する効果があります。砂漆喰を塗り重ねるところでも、昔は使われていなかったファイバーメッシュを用いることにより、壁のクラック防止の効果が得られることを学びました。

加えて、伝統工法でのやり方もとてもくわしく教えてくれたので、私を含め、当社の若手職人にもとても勉強になりました。大工さんや施主の方も植田親方の話を聞き、豊富な知識と経験に裏づけされた説明にとても安心されたと思います。その後の仕事がスムーズに進んだのは、植田親方の説明のおかげだったと言っても過言ではありません。

## ○職人に必要な工程分析レポートとは

話は元に戻りますが、職人には工程を分析してレポートする力が必須であると思います。ただ言われるままに工程をこなすのではなく、なぜ今の工程が必要なのかを理解して作業をすることが本当に大事です。

左官は現在では、プレミックス（既調合）の材料を使うことが多くなりました。現在の左官工法ではプレミックスの材料に規定量の水を加えれば、誰でも簡単に塗りやすい材料をつくれます。ただ、あまりにも簡単にできるために、その成分が何なのかをあまり理解せずに仕事をしている職人が多くなりました。

先ほど伝統工法の話をしましたが、昔は現場の職人が個別の材料を配合して塗りやすい材料を自分でつくっていました。ベテランの職人から配合比率を教わり、自分の経験も加味して独自の

植田親方から材料の調合比率などを教わっているようす

ものをつくっていたのです。ですから、成分がどのようなものかを熟知していたのです。

料理の世界でたとえるならば、レシピになります。料理でも、すでに完成しているレトルトや冷凍食品がありますが、一流のシェフが自らの手でつくる料理はお客様に格別の喜びを与えます。

具材や調味料の調合比率だけでなく、調理方法や調理時間によっても、でき上がるものはまったく別物になるのです。よく由緒あるレストランには秘伝のレシピがあり、それをまとめた幻のレシピ帳があるという話を聞きますが、それは、レストランの創業者から代々受け継がれた、各料理の分析レポートのようなものではないでしょうか。

この分析レポートをつくるのが一流職人を目指すあなたの仕事なのです。今やっている工程が何のために必要なのかを分析してレポートとして残すのです。

現場で何も考えずに仕事をするのではなく、「何のために」

を意識しながら、先輩職人やベテランの職人から教わったこと、現場での学びをメモして、独自の分析レポートをつくりましょう。将来、必ず会社や自分自身の力になります。

# 8 理論・理屈を教え、考えさせてからトレーニングする

## ○目的地に至る地図を確認することが大事

技術を向上させるために、質より量を求める練習スタイルは、傍から見ると、とても一所懸命に作業しているように見えるものです。しかし、「その練習は何のためにやっているのか」と聞いてみると、「何も考えていない」という返事がよく返ってきます。

技術を向上させるために練習に取り組むのはとてもよいことだとは思いますが、理論・理屈を理解せずにただ練習するのは、あまり効果がないと考えたほうがよいでしょう。

たとえば、設計図がないまま組み立てを行なっている状態を考えてみてください。時間が膨大にかかる上に、どのようなものができ上がるのかがわかりません。日常でたとえるならば、地図を持たずに現場に向かうようなものです。

理論・理屈というのは設計図のようなもの、もしくは地図のようなものです。練習をする前に理論・理屈を理解し、効果的に技術を向上させるためにはどのような練習をすればよいのかを考

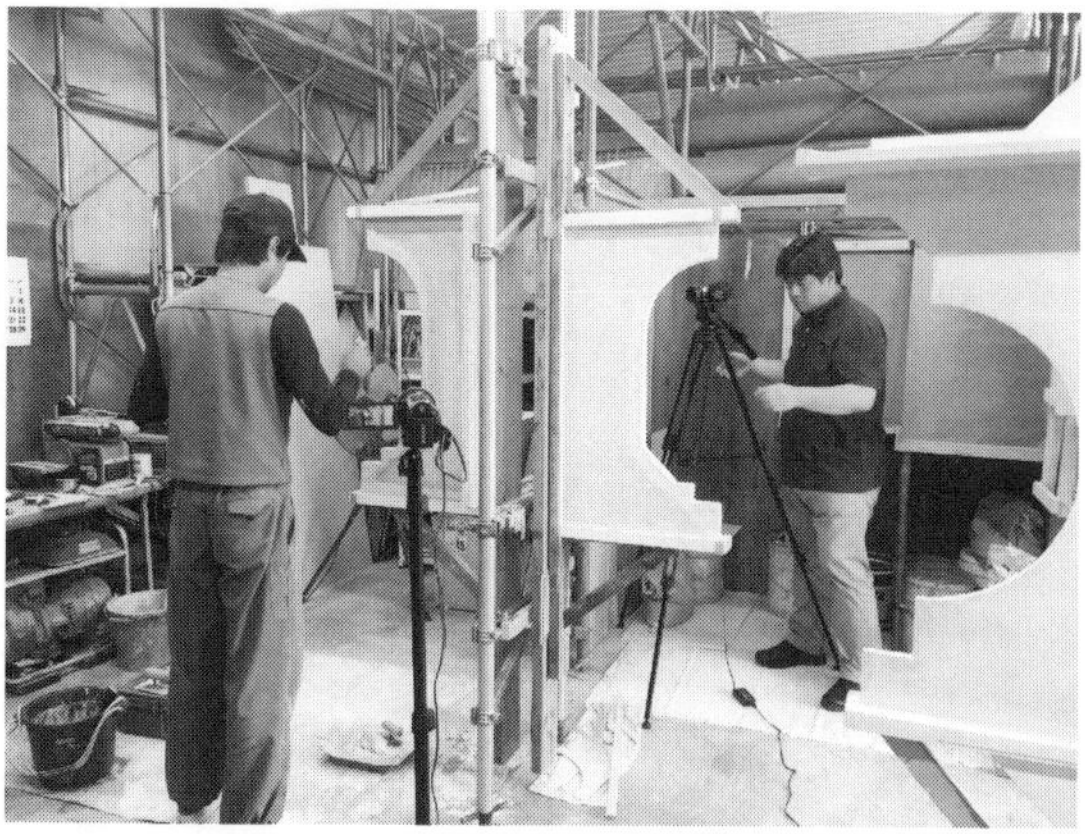

技能検定の流れを撮影しているようす

えることがとても大切です。技術レベルの高い先輩職人が、どのような練習をしているのかを参考にするのもよいでしょう。

## ○よいものは何でも取り入れよう

「壁の匠　左官道場」での壁塗りトレーニングや技能検定の練習では、効果的に技術を上げるためにさまざまな創意工夫をしています。

事前に座学で知識勉強会や技術勉強会を行ない、理論・理屈を理解してから壁塗りトレーニングや技能検定の練習をするようになったのも、「壁の匠　左官道場」ができてからの取り組みです。

壁塗りトレーニングも、最初は他社の見よう見まねでした。他社のまねでも、よいものはどんどん取り入れるのが技術を向上させる秘訣です。現在では、YouTubeやDVD等があるので、いつでも簡単に参考になる映像を見ることができます。

しかし、多くの人はよいとわかっていても実際にその取り組みをしません。ですから、技術レベルに差が出るのです。個人個人で差が出てくるのですから、会社全体で取り組むか取り組まないかでは、会社全体の技術レベルの問題になってきます。

練習はひとりで集中して行ないたいという人もいるとは思いますが、仲間や先輩職人と一緒に行なうことでより効果が上がります。会社全体で楽しい雰囲気をつくりながらトレーニングすることができれば、さらに効果が上がるでしょう。

技能検定の練習については30年以上前から取り組んでいますが、練習の仕方は以前とはまったくと言っていいほど違ってきています。

練習している工程をｉＰｈｏｎｅやｉＰａｄで撮影して、映像を見ながら動作を改善していくのも現代的な練習の仕方です。ゴルフの練習等で行なわれているモデリングという手法を取り入れたのも、同業他社で成果が出ているという情報を得たからです。

技術レベルの高い、カリスマ左官職人の塗り方を映像で見て、意識してその動作をまねる。10回100回と繰り返すことにより、限りなくカリスマの動作に近づけていくことで、技術レベルは格段に上がります。

実践してみて、その効果には本当に驚きました。以前は、動画撮影するのに結構な手間がかかりましたが、現在では誰でも気軽に撮影できて、簡単に動画を見ることができます。インターネットを介せば、さまざまな工法や技能をいつでもどこでも見られるようになりました。

こうした環境を、技術の向上に活かさないのはとてももったいないことです。職人育成道場では、どんどん新しいものを取り入れ、効率よく技術を向上できる仕組みをつくっていきましょう。

3章

# 技術を伝える技術を磨け

# 1 名選手＝名コーチにあらず［教え方を学ぶ必要性］

## ○新人職人を育てられる職人とは

腕がよくて現場で活躍している人が若手職人の指導が上手かというと、必ずしもそうではありません。技術を伝えるには、技術を伝えるスキルを磨く必要があります。よくスポーツの世界では名選手＝名コーチにあらずと言われますが、職人の世界でも同じです。

私は、自分自身が職人であり経営者ですから、職人育成の難しさはよく理解しています。そして、職人を育成していかなければ会社は衰退してしまうことも痛感しています。

私が左官の仕事をはじめたのは20年前になりますが、私に技術を教えてくれたのは先代社長の父と数名の一人親方の先輩職人でした。当時は、「技術は見て覚えろ」「技術は盗め」と言われていた時代ですから、懇切丁寧に指導を受けたという記憶はありません。

しかし、技術を伝えるのが上手な先輩職人と下手な先輩職人がいたことはよく覚えています。さらに新人職人を育てられる職人と潰してしまう職人がいました。

時代は変わり、自分が若手職人の育成に取り組むようになり、また経営者になったことで、改めて認識し直したことがあります。それは、職人育成という面から見た先輩職人の資質です。

技術を伝えるのが上手で、新人職人を育てられる職人の特徴は、とても穏やかで聞き上手、自分の技術に過信がなく協調性があることです。会社で取り組もうとしていることに対しても協力的で、後輩職人の話をよく聞き、常日頃から後輩職人とのコミュニケーションを積極的に取って、良好な相互信頼関係を築く努力を怠りません。

このような先輩職人から指導を受けた後輩職人はメキメキと力をつけ、人間性も大事にする腕のよい職人に育ちます。さらに、こうして育った職人は、自分が教えてもらったように新たに入社した新人職人の指導育成に取り組むので、よい循環の職人育成の仕組みが構築されます。

## ○将来、会社を背負っていく職人を育てる

他方、技術を伝えるのが下手で、後輩職人を潰してしまう先輩職人の特徴には、「威張っている」「上司の意見をあまり聞かない」「会社や上司の悪口を言う」「自己主張が強く協調性がない」「会社の新しい取り組みに否定的で協力的でない」等があります。しかし、腕はそれなりによく、技術への過信が強い人が多かったように思います。

このような先輩職人は、後輩職人の育成は他人事で、自分の仕事ではないと思っている人が多いようです。現段階でこのような職人が社内にいる場合には、新人職人の育成の必要性を伝えるとともに、後輩職人の教え方を学ぶように指導する必要があります。

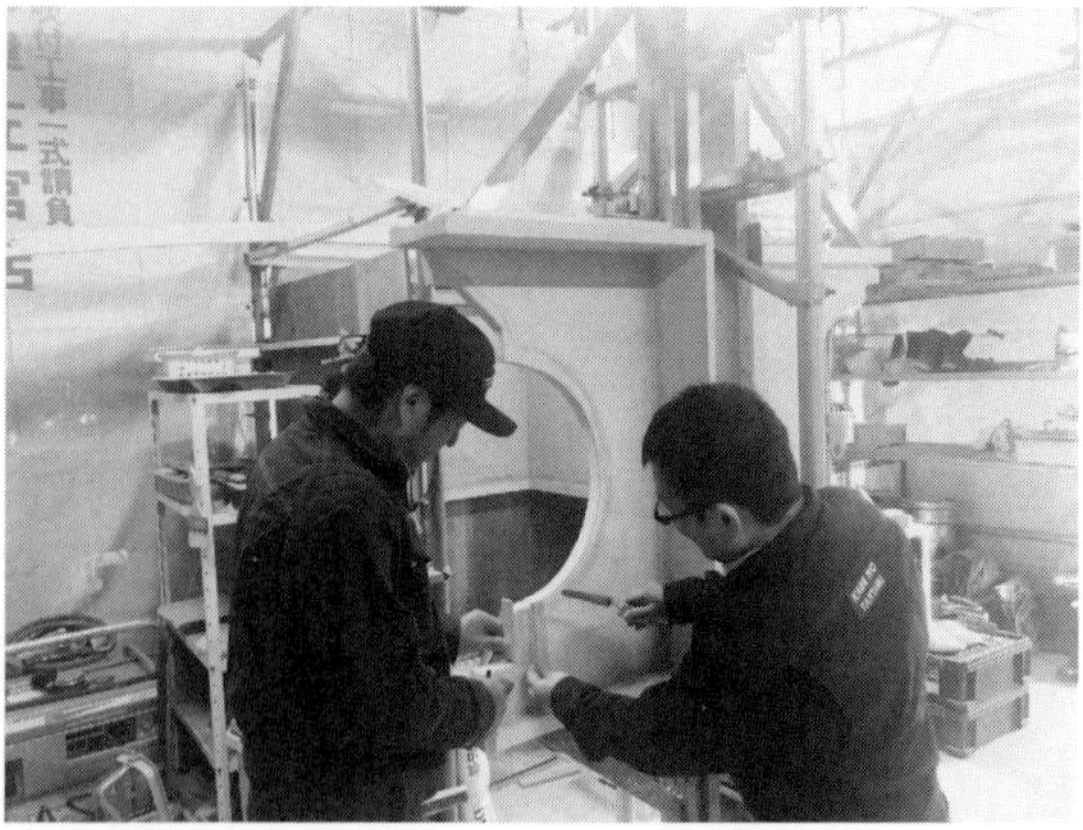
「壁の匠　左官道場」で技術指導するようす

職人育成は、経営者や経営幹部が取り組まなければならない課題なので、当然、経営者や経営幹部も一緒になって教えるスキルを高めていかなければなりません。

また、教え下手な職人は、過去、自分も先輩職人からそのような対応を受けてきた体験があるからかもしれません。会社の過去の指導育成方法に問題があったのであれば、非については認めて謝罪するなりして、良好な人間関係を築いてから、新人職人の育成に巻き込んでいく必要があります。

とにかく新人職人の育成は、先輩職人が寄って集って試行錯誤しながら行なっていくことが大切です。今、育てている後輩職人が、将来、会社を背負っていくのだと認識して教えることはとても重要で、会社全体での職人育成の仕組みづくりを構築する上での基本です。

後輩職人の性格等にも配慮をしながら、一人ひとり丁寧に育成していくように心がけましょう。

# 2 職人育成の昔と現在［DVDの活用と反復練習］

## ○「技術は盗め」の利点もあった

何度も言いますが、過去の職人育成では、「技術は見て覚えろ」「技術は盗め」が主流でした。私も、修業中はこのようなスタイルで技術を身につけました。しかし、当時のやり方もよかったところがたくさんありました。

左官の仕事に関して言えば、私が修業していたころは、父親が壁を塗っている姿に憧れを持っていたし、技術の優れた先輩職人の仕事は本当にすばらしいと感じていました。

自分も早くあのようになりたいと思いながらも、なかなか道具を持って塗らせてもらえず、休憩時間に少しずつ塗らせてもらったり、現場仕事が終わってから自ら率先して練習しました。

先輩職人の手元を真剣に見てその仕事ぶりを直視することにより、技術に対するハングリーさが培われるのかもしれません。私も、早く先輩職人のように塗れるようになりたいという思いから、向上心が高まりました。

美容師の業界では、今でもこのようなスタイル（カットする先生と、それを見て学ぶアシスタント）がとられているところが多いというのも、技術習得の面においてはうなずけます。

現場で漆喰を塗るところを撮影するようす

## ○一流職人の映像をモデリングする

ですが、それは過去の話です。今は現場でなくても、左官職人が上手に壁を塗っている映像を、YouTubeやDVDで簡単に見ることができる時代なのです。

YouTubeで「左官職人　壁塗り」と検索すると、左官職人が壁を塗っている映像が何百、何千とヒットします。こうした映像をモデリングすることで、現代流に「技術を盗む」ことができます。モデリングとは、お手本になる人の動作をまねることです。つまり観察学習、観察練習です。技術を習得する上では、このモデリングという手法がもっとも効率的ではないかと思います。

これを「壁の匠　左官道場」でのトレーニングにも取り入れているのです。モデリング手法の導入による効果は絶大でした。業界の組合で作成したDVDを購入して活用したり、独自に道場で撮影したものを活用したりと、試行錯誤しながら現在も進化させています。

しかし、モデリングを継続しているうちに問題点も何点か見えてきました。

このモデリング手法は、映像を見ただけでは技術は上がりません。自ら反復練習しなければ、上達はありません。この点においては、以前の職人育成手法と何ら変わりはありません。映像を見て、自分なりに考え、繰り返し練習をすることが何よりも大事なのです。

お手本にする映像についても厳選する必要があります。お手本にならない映像を見ると、間違った技術を身につけてしまう危険性もあります。やはり、この点においては先輩職人のサポートがとても大切です。

先輩職人は、より確かな技術を後輩職人に身につけてもらえるよう、常に考える必要があります。それには、いかに飽きさせずに反復練習に取り組ませるか、トレーニングで身につけた技術をいかに現場で再現させるかも重要なポイントになってきます。

後輩職人も、トレーニングで身につけた技術が現場で活かされることで達成感を得て、さらに技術を高めようという意識が芽生えるのではないでしょうか。

技術向上のよい循環を構築できるように、職人育成の仕組みづくりをしていきましょう。

## 3 技能五輪全国大会で学んだこと

### ○技術が高いだけでは出場できない技能五輪

職人育成で大切なことを学ぶためには、現在ついている職種の最高峰の人たちを見に行くことが一番いいと思います。技術レベルの高い職人たちがもっとも多く集まる場所、それはどこでしょう?

私たちの職種、左官で言えば、技能を競い合う全国大会が年に2回あります。ひとつは「技能五輪全国大会」、そしてもうひとつは「技能グランプリ」です。

近年、私は技能五輪全国大会を見学・応援に行ったり、サポートさせていただく機会がありました。2016年の山形大会では、栃木県代表の選手を応援に行くということで参加しました。

技能五輪の出場には年齢制限があり、23歳以下ということになっています。山形大会の左官競技は男性18名、女性2名の計20名で競い合いました。会場は大型のテントで、2日間にわたって競技が行なわれます。内容は、決められた寸法、決められた形状、そして自分で考えたデザインを入れて美観を競うというものです。

この技能五輪全国大会は、技術レベルが高ければ出場できるというものではありません。参加

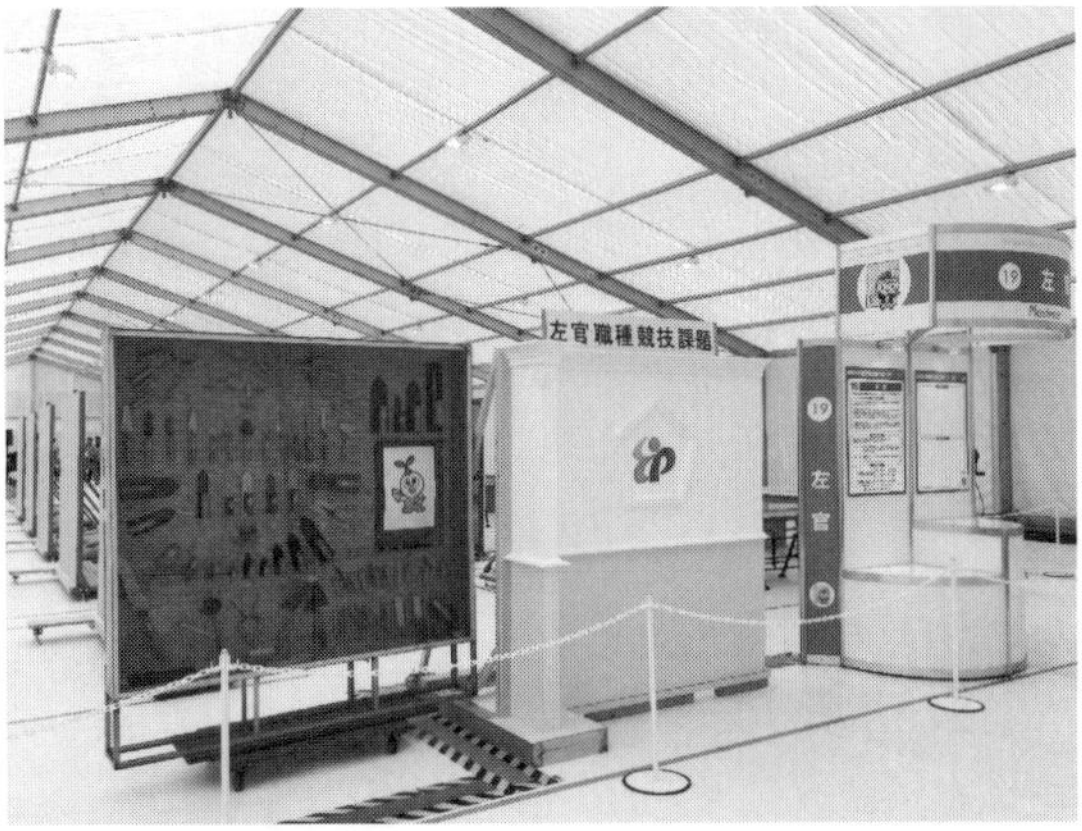


技能五輪全国大会・栃木大会の会場のようす

する選手は、自分ひとりではどんなにがんばってもエントリーすらできません。技術指導をしてくれる人が必要なのはもちろんですが、どの選手も会社や訓練校、ものづくり大学等の支援を受けて出場しています。

出場できるレベルまで練習を積み重ねてきた選手自体もすばらしいと思いますが、選手を出場させることができる会社自体が本当にすばらしいと思います。つまり、技能五輪全国大会に出場させられるということは、その会社は優れた職人育成の仕組みを確立している、ということだからです。

私は、出場選手の技術レベルや細部のテクニックもよく観察しましたが、出場選手をサポートする会社のバックアップ体制、先輩職人たちの指導の仕方、どういう道具を使っているのか、チームのコミュニケーションはどうなのか、というところについても観察しました。

私の見たところ、どこのチームも出場する選手個人の能力とサポートする組織の能力がともに優れており、さらに上位になった出場選手のチームは、個人と組織の能力の相乗効果で最高のパフォーマンスが発揮されていました。

## ○常日頃の習慣がもたらす成果

そして、翌年の2017年には、栃木県でこの技能五輪全国大会が開催されました。私はこの大会に、左官競技設営側の競技補佐委員として携わることになりました。

山形大会のときは外から見ていたので、細部まで観察することができなかったのですが、今回は内側からよく観察することができました。栃木大会は男性が13名、女性が4名、計17名で競技が進められました。山形大会から再チャレンジしている選手も数名いました。

私は競技補佐委員として、競技に使う架台や材料の準備をしました。技能五輪に出場する選手たちは、みなとても身だしなみやマナーがよく、会社での教育がしっかりとなされていると感じましたが、その中でも数名、競技がはじまる前からずば抜けて挨拶や立ち居振る舞いがしっかりしている選手がいました。ひとりは女性の選手でしたが、ものづくり大学の学生でした。とても爽やかな印象で、家庭や学校での教育がよほどしっかりしているのだろうと感心しました。

初日は、選手および関係者全員でラジオ体操からスタートしました。このとき、おそらく習慣的にラジオ体操をしているのだと思いましたが、とても洗練された動きをしている選手がいました。先ほどの、ものづくり大学の女性選手でした。

他の選手のラジオ体操もきちんとしていましたが、やはり彼女はずば抜けていました。結果として彼女は全体順位で3位に入賞し、審査員特別賞も受賞しました。常日頃の習慣がもたらした結果だと感じました。

## 4 超一流に学ぶ機会をつくることで自ら学ぶ職人が育つ

### ○超一流の職人から学ぶ伝統左官技術講習会

経営の神様と言えば松下幸之助、経営学の神様と言えばピーター・ドラッカー、職人の神様と言えば聖徳太子。私の住む地域では、1月中旬に大工さんが主体となって太子講祭というものを行ないます。

1年間、現場で事故がないように、職人の神様である聖徳太子に御祈願して1年のスタートを切る古くからの習わしですが、とてもよい慣習だと私は思っています。先人の教えを守り、後進に伝えることはとても大切です。

私の会社「壁の匠 阿久津左官店」では、最低でも1年に2回は全社員で超一流の職人から学ぶ機会を計画的につくっています。

「左官を考える会」ＩＮ岐阜のようす

私たちの業界では、「左官を考える会」というものがあります。そちらで年1回、1泊2日の合宿で伝統左官技術講習会が開催されるのですが、当社では近年は毎年、この講習会に社員全員で参加しています。講習会は毎年5月末ごろに、年ごとに会場を変えて全国各地で開催されます。

参加費用は全額会社で出し、社員の負担は一切ありません。それだけ当社の職人には、この伝統左官技術講習会に参加してもらいたいからです。

カリスマ左官職人と言われる人が講師になっていて、毎年全国から１００名以上の左官職人が参加します。

## ○カリスマ左官職人の影響力

当社の職人が過去に参加した「左官を考える会」の伝統左官技術講習会は、山梨・東京・静岡・岐阜・広島の5回になります。すべての回でカリスマ左官職人や全国でがんばっている左官仲間とともに学ぶことにより、職人たちに多大な影響があったのではないかと感じています。やはり経営者がひとりで学ぶのではなく、社員全員で学ぶことがとても重要だと思います。

また、回を増すごとに当社の職人と全国の左官仲間のつながりが深まり、人材育成や仕事上の悩みが何でも相談できる強いネットワークができたのはすばらしい成果でした。実際に当社単独ではできない仕事や、過去に自社で経験したことのない仕事のときに指導していただいたり、実際に仕事を手伝ってもらったこともあります。

2017年には、栃木県大田原市にある威徳院極楽寺の本堂建立の漆喰壁工事において、カリスマ左官職人の植田俊彦親方に現場に来ていただき、当社の職人たちが直接指導を受け、伝統左官工法による漆喰仕上げを行ないました。このときの経験が職人たちの飛躍的技術向上につながったのではないかと感じています。

植田親方とは、私たちが初めて伝統左官技術講習会に参加した山梨で出会いました。植田親方は自分の左官としての知識や技術を惜しみなく、私たちに教えてくれました。

私は今までわからないことについては、さまざまな方法で調べてきました。本を読んだり、インターネットで調べたり、動画を見たりです。超一流の人に直接指導を受ける機会はほとんどありませんでした。

この伝統左官技術講習会での2日間の出来事は、まるで小学生球児が憧れのプロ野球選手から直接指導を受けるような喜びと感動がありました。これは私だけではなく、当社の職人たちも同じように感じたことでしょう。このような体験を積み重ねることにより、自ら学ぶ職人になっていくのです。この伝統左官技術講習会から戻ってからの意識は、参加する以前とはまったく違うものになっていました。

その他にも「左官を考える会」では、伝統工法に限らず造形モルタル技術（ディズニーランド等の岩や木を左官の技術でつくる方法）等の最新技術も実演講習してくれるので、大いに役に立っています。

## 5 職人育成、武者修行の旅

### ○徳川家康公の遺訓

「人の一生は重き荷を負うて遠き道を行くがごとし。急ぐべからず。不自由を常と思えば不足なし。こころに望みおこらば困窮したるときを思い出すべし。堪忍は無事長久の基、いかりは敵と思え。勝つことばかり知りて、負くること知らざれば害その身にいたる。おのれを責めて人をせむるな。及ばざるは過ぎたるよりまされり」

徳川家康公の人生訓であり遺訓です。この意味は次のようになります。

「人の一生というものは、重い荷物を背負って遠い道を歩いていくようなものだ。急いではいけない。不自由なことが当たり前だと考えることができれば、不満はなくなる。こころに欲が出たときには、苦しかったときを思い出しなさい。我慢することが無事に長く安らかでいられる基礎で、怒りは敵と思いなさい。勝つことばかりを知って、負けることを知らないことは危険だ。自分の行動について反省し、人を責めてはいけない。足りないほうが、やり過ぎてしまっているよりは優れている」

私が中学生のとき、国語の先生もこの話をされていました。そしてその先生は常々、「人は一生修行の身、精進を怠ってはならない。精進なさい」と言っていたことを思い出します。中学生のころはあまり意味を理解せずに聞いていましたが、最近になってなるほどと思えるようになってきました。

この言葉については、経営者はもとより職人を育てようと考えている人たち、職人になろうとしているみなさんに伝えたいと思います。職人育成の要諦とも言えるからです。

## ○武者修行が職人育成にはもっとも効果的

武者修行とは、「武士が諸国を遍歴して武芸をはじめとする、武士として必要な知識・技能・

北海道・中屋敷左官工業・左官技能研修センターでの武者修行のようす

精神力を獲得して、己の資質を高めようとする行為」「今いる場所から離れて技術を高めるためにさまざまな場所に行き、自分よりも優れたものから指導を受けること」を指します。ここでは武士の修行ではなく、職人の修業として考えてみましょう。

私自身は、昔からこの武者修行を結構やっていたほうだと思います。武者修行の習慣があると言ってもいいくらいです。職人修業時代も全国各地に行き、すばらしい技術を見せてもらい、たくさんの方々から指導を受けた経験があります。職人育成をする立場になってからも経営者になってからも武者修行は続けています。自分で言うのもなんですが、武者修行マニアなのです。

武者修行には時間とお金がものすごくかかりますが、私は自己投資だと考えて武者修行に積極的に行っていました。

そのときの経験から、毎年、全社員で全国各地で開催される「左官を考える会」の伝統左官技術講習会に参加しているし、左官業界の優良企業訪問、材料メーカーが開催する講習会、技術面以外の講習会やセミナー、OFF―JTにも精力的に参加しているのです。

自分が経験してきてよかったものは自分だけでなく、社員みんなで行なったほうがいいのです。時間も費用もかなりかかりますが、費用対効果で考えた場合、職人育成には武者修行がもっとも効果があると思います。

# 6 究極のOJT&OFF―JT

## ○職人の技術を披露する場をつくる

技術といえば建設業だけでなく、たとえば飲食業でも重要視しているでしょう。おいしいものは素材も大事ですが、調理技術も重要な要素です。

私は、テレビで料理番組を見ているとき、お寿司屋さんのお寿司の握り方や魚のさばき方など、どうしても職人目線で見てしまいます。実際に繁盛店に行って料理を食べるときには、どのように見た目に美しく、おいしいものをつくっているのか、調理場を見てみたいという衝動にかられます。

「壁の匠　左官道場」で
壁の塗り方を披露

ある高級ホテルに行ったとき、ライブキッチンというスタイルがとられていました。シェフの調理している姿をライブで見て、そこでつくられたものをいただくという趣向です。まさに料理のエンターテインメントと言っていいでしょう。

このライブキッチンこそ、まさにＯＪＴではないでしょうか。自分の調理技術を直接、お客様に見せるシェフにもかなりの緊張感があるでしょう。お客様の目の前に立つために常日頃、見えないところで試行錯誤して、それこそ毎日の練習もかなり積んでいるのではないでしょうか。

このライブキッチンのように、自分の技術をお客様に直接見ていただく場、高めた技術を披露する場を意図的につくることが、技術を飛躍的に向上させる究極のＯＪＴです。

## ○社員全員参加のOFF–JT

当社の職人は年に数回、全社員で左官業界の超優良企業を訪問して、その会社の社長からレクチャーを受け、そこで働く職人さんにインタビューしています。また左官業の最先端技術の講習会にも参加しています。

こうした催しは、職人たちのモチベーションアップと技術・知識の向上、コミュニケーション能力の向上にとても役立っています。

経営者だけがこのような行動をとっている会社はあるでしょう。しかし、全社員を巻き込んでいる会社は非常にまれです。私の知る限りではほとんどありません。

なぜかと言えば、職人を全員連れていくとなると日常の業務や現場作業に影響が出る、時間と費用がかなりかかる、という理由があるからです。私も最初はそう考えていました。

しかし、計画を立て、下請けから元請けへの転換を図り、日程を調整し、時間と費用も準備して行動に移した結果、大変すばらしい効果がありました。こうしたことを毎年継続してきて現在は会社の習慣になり、社風も大きく変えることができました。これが当社の究極のOFF–JTになっています。

以上のように、後進、後継の職人に技術を伝える方法には、社内で伝えられるもの（OJT）

と、社外のものを活用して伝えていくもの（ＯＦＦ－ＪＴ）の２種類がありますが、経営者と働く職人がよく話し合い、費用対効果が最大になる技術の伝え方を考えていくべきです。

経営者は働く職人のモチベーションが上がることを常に考え、職人はどうしたら自分たちのモチベーションが上がるのかを真剣に話し合う必要があります。

論語に、このような言葉があります。

「これを知る者はこれを好む者に如かず。これを好む者はこれを楽しむ者に如かず」

自社に合った究極のＯＪＴと究極のＯＦＦ－ＪＴを、ぜひ構築してください。

4章

# 結果を出せる職人・出せない職人

# 1 職人のマインド・イノベーション

## ○「今までの職人」から「これからの職人」へ

ここ数年、みなさんを取り巻く外部環境はどのように変化しているでしょうか。また、5、6年前と比べてみて建設業界で働く職人は、どのように変化しているのでしょうか。

私の考えになりますが、建設業界の大きな変化のひとつとして、建設現場の職人の働き方が変わったように感じます。これは、他産業に後れを取っていた建設業界の働き方改革への取り組みが影響を与え、急速に変化をもたらした結果と言えるのではないでしょうか。

以前は仕事を受注すれば、残業・休日出勤・外注への応援依頼で何とかしていました。しかし、働き方改革への取り組みによって残業時間が制限され、休日出勤が難しくなり、有給休暇もきちんと付与しなければならなくなりました。今まではあまり明確でなかった、一人親方への締め付けも厳しくなりました。

そうしたことの影響で、今まで利益を上げられていた会社も利益が出なくなるという状況になってきています。

前章で、「今までの職人」から「これからの職人」に変わっていかなければならない、ということはご理解いただけたと思います。しかし、理解しただけでは何も変わりません。早急に、職人のマインド・イノベーションに取り組む必要があります。

## ○「どうせ無理だ」が職場をつぶす

ここで一番問題になるのが、職人の意識や考え方です。これを変えるには、まずあなたの意識改革をする必要があります。

職人は、技術はあるけれどデスクワークには積極的に取り組まない。ヘルメット着用・安全確認等の現場ルールを守らない。作業日報をきちんと提出しない。会議に自ら進んで参加しない。コンピュータ、新しい材料等の変化に対応するのが苦手である。言われても、勉強会や朝礼、清掃活動に取り組まない……。

私は以前、職人についてこのように思っていました。しかし、これは私の固定観念だったのです。固定観念というのは、思い込みです。これは自分自身の過去の体験からつくられたものです。実際にはそのような事実はない、ということをまず理解してください。職人であるあなたができないと思えばできないし、できると思えばできてしまうものなのです。

前掲した図表（P34）をもう一度参照します。左の「できない、やれない思考」から右の「できる、やれる思考」に変えていくのが意識改革です。自分でできないと思っていれば絶対にでき

**【図表5　思考、意識を変える】**

| できない、やれない思考 | できる、やれる思考 |
| --- | --- |
| できない理由が先に出る | できる方法を考える |
| すぐにあきらめる | 最後までチャレンジする |
| 行動せず先延ばしにする | すぐに行動する |
| 自己中心的に考える | 人の喜ぶことを考える |
| 失敗をいつも恐れる | 成功をイメージして行動する |
| 他人のせいにする | どんなことにも感謝できる |
| 職人目線 | お客様目線 |

職人のマインド・イノベーション

ません。しかし、できると思えばできるのです。まず、職人のあなた自身から、意識をして変えてみてください。

北海道でロケット開発を進めている、植松電機の植松努社長から、こんなお話を伺ったことがあります。

「世の中には、『どうせ無理だ』という言葉が蔓延している（職場だけではなく、学校などでも）。この言葉は、夢を実現できなかった人たちが周りの人を陥れようとして言っているものだ。この意識が職場に蔓延すると、やる前から諦めてしまう組織になってしまう恐ろしい言葉だ」

そして、「この言葉が広がってしまう前に、『だったらこうしてみたら？』と考えることが大事だ」とおっしゃっていました。

マインド・イノベーションというのは、自らの意識を変えることです。できるかできないかではなく、やるかやらないかです。やれば必ず結果が出るのです。まずは、あなた自身がマインド・イノベーションを図っていきましょう。

## 2 「仕事の報酬は仕事」という職人的思考を持つ

### ○2種類ある仕事の報酬

職人が、現場で一所懸命に仕事をして得られる報酬は何なのか、ということを考えてみましょう。実際に現場で働く職人に聞いてみると、「そりゃあ、もちろんお金ですよ。給料じゃないですか」という答えが返ってきました。「その他には？」と聞いてみると、「……何かありますかね？」という返事です。

私が以前あるセミナーで聞いた言葉で、とても腑に落ちた言葉がありました。それは「**仕事の報酬は仕事だ。それが一番うれしい**」です。これは、ソニーの創業者である井深大氏が言った言葉のようですが、現場で仕事をしていた職人時代の私にとってはとても印象的なものでした。

また、「**いい仕事をすると、もっと面白い仕事ができるようになる**」は、まさに職人の仕事のことを言っている言葉だと感じました。

福沢諭吉は、このように言っています。「世の中で一番楽しく立派なことは、一生涯を貫く仕事を持つことです」。職人として現場で仕事をするのであれば、このような気概で取り組みたいものです。

自分自身が修業時代から職人時代を経験し、職人を育成する立場になり、数多くの職人さんの仕事への取り組み方を見てきて、私は仕事の報酬には2種類あるのではないかと思うようになりました。

ひとつは、目に見える給料や昇格、賞与、有給休暇等の金銭や待遇といった報酬ですが、もうひとつは目に見えない報酬で、「仕事をすることにより能力が高まり、成長する」「今やっている仕事が評価され、さらにやりがいのある仕事を依頼される」といったものです。

それと、その報酬を得るための職人的姿勢も二通りあるのではないでしょうか。ひとつは、自らが求めて努力をして得るべくして得る報酬、もうひとつは、結果として周りの人が評価してくれて得られる報酬です。

## ○まず「見えない報酬」を獲得しよう

当然、生活していくために金銭的な報酬は必要不可欠です。世の中のほとんどの人は仕事をとおして生活の糧を得ています。収入を得るために仕事をするのはごく普通のことです。

ですが、職人的思考としては、自ら求めて努力をして得るべき報酬、そして、見えない報酬を重視してもらいたいと思います。職人として目の前にある仕事に真剣に取り組み、まずは見えない報酬を取りに行くのです。先に述べた「仕事の報酬は仕事」という考え方で仕事に取り組んでみてください。

私が今まで見てきたできる職人は、みんな見えない報酬、自ら求めて努力をして得るべき報酬を優先させています。その取り組みを継続することにより、職人として充実した人生を送り、結果として周りが評価してくれて、得られる報酬も手にしているのです。

逆に、私が見てきた仕事のできない職人は、見える報酬を優先させる傾向があり、見えない報酬を軽視する人が大半を占めていました。職人としての実力もないのに、見える報酬ばかりを求めていると、結果として必要とされない職人になってしまいます。

私の会社の経営理念には、明確にそのことが記載されています。

「私たちは、礼儀・技術・知識の向上を目指し、感謝の気持ちで社会に貢献します」

職人としてのマナーと技術、そして知識を高めることを優先させて、お客様に貢献することで評価していただき、まず見えない報酬をみんなで手にして、最終的に見える報酬もみんなで手にしていきたいと考えています。

# 3 毎日更新する職人ブログで「創客」

## ○新鮮な情報を提供できているか

職人も客商売ですから、お客様を創造することはとても大事です。その「創客」をする上で、情報発信がいかに大切かはみなさんもおわかりでしょう。しかし、継続的に情報発信できない人や発信にムラがある人が多いのではないでしょうか。

私も、物事を継続するのが得意かと言えば、そうではありません。しかし、多くの先輩職人から仕事を教わり、多くの職人育成に携わってきた経験からすれば、結果の出せる職人と結果を出せない職人の違いは、継続力と常日頃の習慣の違いだと言えます。「創客」が上手な会社かどうかも同じことが言えます。

みなさんは何かほしいもの、購入したいものがあるとき、または身の回りに困りごとがあったとき、どのように情報を集めますか？　今やほとんどの人がスマホでインターネット検索をして、情報収集するのではないでしょうか。インターネット上のホームページを見て情報を集め、物のよし悪しや価格の比較検討をしたりするでしょう。

私はホームページに載っている情報が、定期的に更新されているかどうかを見て判断をします。多くの会社のホームページを見ていると、社長ブログを掲載しているものが結構あります。しかし、数年前から更新されていないものやホームページがつくられた時点から変わっていないものがあります。これではどんなによいホームページをつくっても台なしです。

私のような視点で、ホームページを見ている顧客は結構いると思います。ですから私は、ホームページから「創客」するために何かよい方法はないかと考え、当社のホームページ上に、毎日更新する「壁の匠職人ブログ」を掲載することにしました。職人同士で話し合い、自分が担当する曜日を決めて、職人が責任をもって記事を掲載するというものです。

そのため、２０１５年に販売促進を専門とする講師を招いて、１年間かけて勉強会を行ない、職人ブログの仕組みをつくりました。その後ブログがどうなったかというと、２０２０年4月15日現在の掲載記事数は、何と１６５７件になりました。職人一人ひとりが発信した情報件数は、概ね３００記事になります。

## ○職人ブログで直接お客様につながる

この職人ブログには、施工した地域名と施工の内容がわかるタイトルがつけられているので、工事を依頼したい人が検索すると、該当するブログがヒットするようになっています。記事は概

毎日更新している「壁の匠」職人ブログ

ね200文字以内、2、3枚（施工前と施工中、施工後）の写真を掲載しています。

記事の内容は、職人たちがPRしたい部分を考え、「どのような加工を施したか」「この部分にとくに気を遣った」といったことが、お客様の立場からわかるようになっています。

この職人ブログは、毎日5つのSNSに載せられているのでPR効果は抜群です。お客様からの問い合わせでは、「何年何月何日に掲載されている○○さん（職人のニックネーム）の記事のような仕事をお願いしたい」といったご相談が増えて、問い合わせ後の打ち合わせもスムーズに進めることができるようになりました。

このように、職人自身が自分の仕事をPRできる仕組みを会社の中で構築すると、前述したような、職人の仕事が仕事を生む好循環ができます。私たちのような職人集団の小さな会社は、営業専属の社員やホームページ担当社員等を配置できるような体制にはありません。

しかし、職人自身が施工内容のブログ記事を書き、実際に現場で自分で写真を撮っているのですから、リアルにお客様に施工の実際をお伝えすることができます。職人の情報収集能力、情報発信力もブログを継続することで格段に上がります。

結果の出せる職人と結果の出せない職人の違いは、このような「創客」の力の違いでもあるのです。これからは、ぜひ職人ブログの仕組みを構築してください。社長が一人でやるのではなく、みんなを巻き込んで行なうことが大切です。

## 4 結果を出せるか出せないかは○○で決まる

ここでひとつ問題です。

次の○○に当てはまる言葉を考えてみてください。


「私は○○です。

私はあなたの最大の支援者、そして最大の重荷でもある。

私はあなたの背中を押すこともあれば、失敗へと引きずり込むこともある。私は完全にあなたの思いのままである。あなたがする仕事の半分は私に託されるだろう。そうすれば、私はすばやくかつ正確にその仕事を片づけることができる。

あなたが私に対して毅然とした態度を取っていれば、私は扱いやすい。どのようにしてほしいかを正確に示してくれれば、少しの訓練で自動的に与えられた仕事をこなすことができる。

私はすべての偉大な人物の召使いである。そして悲しいかな、すべての破綻者の召使いでもある。偉大な人物は私のおかげで偉大な人物になることができたのであり、破綻者は私のせいで破綻に追い込まれたのだ。

私は機械ではないが、人間の知性と機械のような正確さで仕事を行なう。あなたが利益を求めて私を働かせようが、破滅に向かって働かせようが、私にとって変わりはない。私を利用し、訓練し、毅然とした態度で接すれば、私は世界をあなたの足元に跪《ひざまづ》かせてみせよう。私をなおざりにすれば、私はあなたを破滅に追い込むだろう。

私は何あろう○○です」

この文章を読むと、○○とはおそらくとてもすごいものですよね。よく考えてみてください。

この問題を出題したときによく答えとしてあがるのが、「○○は自分自身である」とか、「超能力もしくは特殊な能力である」といった答えですが、まったく違います。

それではもうひとつ問題です。〇〇は前の問題と同じ答えになります。

「〇〇に早くから配慮した者は、おそらく人生の実りも大きい」

105歳で亡くなられた聖路加国際病院の名誉院長・日野原重明先生の言葉です。

ここでの〇〇の答えはひとつです。わかりましたか？　実は誰もが持っている力であり、できることなのです。私もこの答えを聞いたときには、なるほどと思いました。

まだわからない人のためにヒントを出しましょう。この〇〇の悪い例としてあげられるのは、「生活〇〇病」。よい例としては、「早寝早起きの〇〇」といったものがあります。

もう、おわかりですよね。〇〇の答えは、〝習慣〟です。

習慣とは、あることが繰り返し行なわれた結果、そのことがしきたりや習わしになること。

たしかに私も過去を振り返ってみると、よい習慣はよい結果につながり、悪い習慣は悪い結果につながっています。この習慣を職人育成に活かさない手はありません。社内で職人育成におけるよい習わしを習慣化すれば、自ずとよい職人が育ち、よい会社になるのではないでしょうか。

次章では、結果を出せる職人と結果を出せない職人の習慣の違いと、当社で会社ぐるみで行なっている、職人育成におけるよい習慣化の事例を見ていきたいと思います。

結果を出している職人や成功している会社は、この習慣化がとても上手です。スポーツ選手でもイチロー選手は習慣化の天才と言われています。

# 5章

# 結果を出せる職人になるための9つの習慣

## 1 職人は体が資本、朝はラジオ体操から

### ○結果を出せない職人も、実は結果を出したい

結果を出せる職人には、何点かの共通の習慣と特徴があります。

そのひとつに、体調管理を重視した習慣を持っていることがあります。そして、心身ともに健康で、とにかく体調を理由にした休みがほとんどないという特徴があります。責任感が強く、周りへの気配りもあります。チームワークで行なう仕事においては、とても頼れる存在です。

これは、スポーツの世界でも同じことが言えるかもしれません。自分自身の体調を良好にコントロールできることは、結果を出せるプロスポーツ選手の絶対条件と言えるでしょう。これは常日頃から体調管理がしっかりできているということ、周りの状況をよく観察し、周りの人への配慮ができている、ということではないでしょうか。

では、逆に結果を出せない職人というのは、どういう職人でしょうか。

まず、常日頃からの体調管理がなっておらず、体調を理由とした休みが非常に多い。チームで行なう仕事においてあてにならず、仕事に対する責任感がほとんどない。つまり、現場の中では頼れる存在とは言い難く、会社への貢献度は非常に低いと言えるでしょう。自分の管理もでき

ず、周りへの配慮もない職人です。

しかし、結果を出せない職人も、結果を出せる職人になりたいと思い、会社にも貢献したいと考えていることが多いのです。まるっきりやる気がない職人は、実は本当に少ないのです。

## ○超優良企業の毎朝の習慣

現場では、結果を出せる職人と結果を出せない職人が混在して仕事をしています。現場で総合的に結果を出すためには、個人プレーではなく、チームワークで仕事をこなすことがとても重要です。

会社の中で、現段階では結果を出せない職人がいるとしても、その職人が結果を出せる職人になりたいと思っているのであれば、対処の仕方はあります。結果の出せる職人に近づかせるには、結果を出せる職人の習慣をそのまま正確にまねさせればよいのです。結果を出せるチームをつくるのにも同じ原理が働きます。

そこで当社では、毎朝の朝礼時にラジオ体操第1と第2を継続して行なっています。なぜラジオ体操なのか。5年前に、20年以上黒字経営を続けている超優良企業、株式会社日本レーザーの現会長・近藤宣之氏の講演で、同社が行なっている毎朝の習慣として、ラジオ体操を実践しているというお話を伺ったからです。

当時は社長だった近藤氏は、「ラジオ体操は本当にいいですよ。ぜひやってみてください」と念を押されていました。そこで、ものは試し、よいことはまずやってみようということで、翌日から当社でもラジオ体操をはじめました。どうせやるなら第1だけでなく、第2もやろうと決めて現在まで継続しています。

その結果、どうなったのかというと、以前に比べてみんなとても健康になりました。毎朝、体を動かすことで腰痛がなくなり、風邪をひくことが少なくなり、現場でのケガもなくなった、というのです。

ラジオ体操は第1・第2で、実際に体を動かす時間はわずか8分程度ですが、真剣に行なうとほんのり汗をかきます。これを毎日継続すると1ヵ月で240分、1年で48時間になります。みんなでやると効果は絶大です。たかがラジオ体操ですが、体が資本の職人にとっては、されどラジオ体操なのです。ぜひまねしてみてください。

## 2 職人のやる気を引き出す コミュニケーション重視のコーチング型朝礼

### ○現在の当社の朝礼のようす

みなさんの会社は毎朝、朝礼をやっていますか？ 「はい、毎朝、朝礼をやっています」という会社は意外に多いと思います。では、「その朝礼の目的は何ですか?」「その朝礼で、本当に効果がありますか?」「職人育成に役に立っていますか?」と聞かれたらどうでしょう。「何とも言えない」という声が聞こえてきそうですが、実は15年前までの私の会社の朝礼も、「目的は不明確、効果もあるのかどうかわからない。職人育成にはおそらく役に立っていない」という状態でした。今の朝礼のやり方で本当によいのだろうか? と、私自身が半信半疑に思っていました。

そこで、どのように朝礼を行なったらいいのだろうと、「あの会社の朝礼はすばらしい」という評判を聞いたら、その会社の朝礼を見学に行ったり、朝礼に関する書籍を読んでみたりと試行錯誤していました。

当社の朝礼が朝礼らしくなってきたのは、ほんのつい最近のことで、概ね10年前からスタートした「13の徳目」という冊子を用いた、コーチング型朝礼を継続してきた結果と言えるでしょう。

それ以前の朝礼は、自分自身で振り返っても恥ずかしくなるようなもので、朝礼の意味をなしていなかったように思います。毎朝一緒に取り組んでくれていた社員にも、本当に申し訳ないと思っています。

今現在の当社の朝のようすは、このような感じです。AM6時45分くらいから社員が順次出社してきます。私は先輩社長から教えてもらった、元気な挨拶と職人一人ひとりとの握手を継続しています。そして、7時からラジオ体操第1・第2を行ないます。

その後、整列して経営理念を唱和し、「13の徳目」を用いたコーチング型朝礼を開始します。

①月間テーマの唱和（全員）
②今週の質問に対する答えの発表
③今日1日、とくに意識して実践する徳目の発表
④前日の気づきの発表
⑤前日の感謝すべきことの発表
⑥ありがとうの言葉の唱和（全員）

続いて「職場の教養」という冊子の読み合わせをして、前日の現場で気づいたことや今日の仕事についての発表をします。最後に安全に関すること、注意すべきことを話してから現場に向かいます。

**○10分で「読む・考える・書く・発表する・聴く」を実践できる**

コーチング型朝礼のよいところは、一方通行ではなく、コミュニケーションを重視しているところです。まず、「13の徳目」という冊子には質問に対する答えを記入するところがあり、質問

を読み、考え、書き込むという行動が必要になります。もちろん、全員が同じ行動をします。そして、全員が発表をして、発表を聴いて、感想を述べるという行動をします。

ラジオ体操で早朝から適度に体を動かし、コーチング型朝礼で脳を適度に働かせる。最初の握手でスキンシップを図り、みんなの健康状態も確認できる。職人全員とのコミュニケーションが図れるので、とても爽快な気分で現場に向かうことができます。

ここで、朝礼の目的を再確認してみましょう。朝礼では、朝一番から気持ちの切り替えができます。全社員の意思統一と経営理念や方針の確認ができます。現場の状況等、報告・連絡・確認ができます。職人のやる気を高めてから現場に送り出すことができます。

そして、もっとも肝心なことは、コーチング型朝礼では、「読む・考える・書く・発表する・聴く」ことを効果的に実践できるのです。朝礼に要する時間はわずか10分程度ですが、職人育成に必要不可欠な学びの時間です。1日10分の朝礼の時間を共有することで、個人の成長と会社の成長につなげることができるのです。この習慣をぜひ取り入れてみてください。

## 3 毎月開催している「技術&知識」勉強会と『理念と経営』勉強会

### ○「技術&知識」勉強会の相乗効果

わが社の経営理念は、「私たちは礼儀・技術・知識の向上を目指し、感謝の気持ちで社会に貢献します」です。礼儀の後に技術と知識という言葉が入っています。ここでは、その技術と知識を向上させるために行なっている技術勉強会・知識勉強会についてお伝えしたいと思います。

職人は、技術と知識の学びのどちらが好きだろうと考えると、私の経験から言えば技術です。職人だから、やはり技術なのです。技術を学ぶときの職人は目の輝きが違います。しかし、私の偏見かもしれませんが、知識を学ぶときには少し抵抗があるように感じます。

当社では、毎月必ず1回、技術&知識の勉強会を同じ日に開催します。まず技術の勉強会を行なってから、知識の勉強会を行ないます。

技術勉強会は「壁の匠　左官道場」で先輩職人が主導し、後輩職人や新人職人が技術を学ぶというものです。現場で教えることが難しいものや、お客様からクレームがあった、施工においての失敗事例等を取り上げて、再確認も含めて指導しています。後輩職人や新人職人からのリクエストを聞いて技術勉強会を行なうこともあります。

この技術勉強会で、職人の技術レベルの向上を図ることができ、チームワークでの施工が効果的にできるようになります。

その後に知識の勉強会になりますが、技術勉強会で行なったことを理論的に解説して理解を深めるようにしています。

たとえば、「なぜ、このような施工手順で進める必要があるのか」を、先輩職人が技能講習会などに参加して独自につくり上げた資料を使って解説します。また、「なぜ、お客様からクレームが発生したのか」「施工ミスが発生したのか」を、分析データをまとめたレポートで説明しています。

この知識勉強会を行なうことにより、施工ミスを減らし、お客様からのクレームにも即対応できるようになります。技術勉強会と知識勉強会を組み合わせることにより、相乗効果を発揮できるようにしているわけです。

## ○会社全体で勉強する習慣をつくる

もうひとつ、当社で10年以上、毎月1回続けている社内勉強会があります。月刊『理念と経営』という月刊誌を用いた社内勉強会です。

『理念と経営』は、コスモ教育出版が発行している月刊誌ですが、いろいろな会社の事例や経営

『理念と経営』を使った社内勉強会のようす

に関するタイムリーな情報が掲載されています。参考になる記事が多く、当社の職人には毎月ひとり1冊ずつ配布していま す。この月刊誌を読んでもらい、設問表に沿って勉強会を開催しているのです。
技術&知識の勉強会は先輩職人が主導で開催していますが、この勉強会は毎回リーダーを替えて行なっており、新人職人もリーダーになることがあります。
私が思うには、経営者が勉強することは本当に大切ですが、ひとりで勉強しても会社がすぐによくなることはありません。学んだことを会社に落とし込まなければ効果は出ないのです。社員や協力会社、取引先とともに学ぶことがとても大切であり、みんなで学べば効果もひとりで学んでいたときより格段に上がります。
月刊誌のテーマから設問をつくり、1項目ごとにみんなで読み合わせをし、どのようなことを感じたかをレポートにまとめてディスカッションすれば理解も深まります。1回で多くのことを行なう必要はありません。1項目ずつ確実に実践に結びつくように、継続的に社内勉強会を行なうことが大事です。

職人は、読書や勉強会が苦手のように考えている人が多いかもしれませんが、会社全体で勉強する習慣が身につけば、新たに入社してきた新人職人もスムーズに溶け込んで学ぶようになります。「朱に交われば赤くなる」のです。結果を出せる職人を育てるには、こういった取り組みを継続的に行なっていくことが大切です。

学ぶ社風が構築されれば、やる気のある職人は自ら進んで学びはじめます。職人が自ら考える習慣を身につけるには時間がかかりますが、学びの継続により必ず結果が出ます。

## 4 できる職人の休憩時間の使い方

### ○現場全体を目配りするS棟梁

当社の仕事では、午前10時からの30分間と午後3時からの30分間、計1時間の休憩と昼食休憩の1時間、トータル2時間の休憩時間があります。この休憩時間の活用法でとても参考になった事例があります。私自身が本当に仕事のできる職人は、常日頃の仕事に取り組む姿勢がまったく違うと感じた瞬間でもありました。

前述した、威徳院極楽寺の本堂の内外壁漆喰仕上げの仕事をしていたときのことです。いつものように朝から材料を捏《こ》ねて内壁の下塗りを行なっていました。塗り付け作業が一段落したころに、宮大工のS棟梁が「10時になるのでお茶にしましょう」と、みんなに声をかけました。

S棟梁の声で、本堂横にある大きな銀杏の木の下にある休憩場所に、宮大工、左官工、鈑金工等の職人が集合し、休憩時間に入りました。お寺の住職さんが用意をしてくれたお茶をいただきながら、それぞれ談笑がはじまっています。

ほどなく数人の職人が、タバコを吸いながら休憩場所を離れていきました。数人の職人はS棟梁と現場の進行状況や今後のスケジュール、仕上工程の打ち合わせをはじめています。

休憩時間は、人それぞれ自由に休みを取ってよいとは思いますが、できる職人とそうでない職人の違いは、ズバリ休憩時間の使い方にも出てくるのではないでしょうか。その点、現場全体のことを考えながら、各職人とコミュニケーションを取っているS棟梁はさすがだと感じました。

## ○道具の手入れを怠らない宮大工Yさん

私も、S棟梁と少し打合せをしてから、外壁の進行状況を確認するために本堂の周りを見て回りました。すると現場の隅で、名古屋から木工事の手伝いに来ていた宮大工のYさんが、目立たないように砥石でノミを研いでいました。私がYさんに「何をしているのですか?」とたずねる

休憩時間に道具の手入れをしている宮大工のYさん

と、Yさんはこのように答えてくれました。

「毎日手入れしないと切れ味が悪くなって、いい仕事ができないんです。だからこまめに刃を研いでいるんですよ。切れ味のいい道具だと仕事がとてもはかどりますしね。気分もいいんです」

Yさんはその日の3時の休憩のときには、カンナの刃を研いでいました。ここで私が感じたのは、仕事のできる職人は常日頃の習慣が違うということです。別の日に私が現場に行ったときにもYさんは、いつもと変わらず休憩時間に道具の手入れをしていました。

Yさんにとって、休憩時間に道具の手入れをするのは当たり前のことになっています。なぜそのようになったのかを聞いてみると、親方からそのように教わり、実際に親方も先輩職人も休憩時間にはこまめに道具の手入れをしていたそうです。その教えを守り続けてきたからこそ習慣になり、宮大工としてのすばらしい技術も身についたのでしょう。

最近の現場では、休憩時間になるとスマホをいじりながら個人の時間を優先する風潮が当たり前になっていますが、S棟梁のように他職の職人さんとコミュニケーションを図ったり、Yさんのようにこまめに道具の手入れをすると、違った職人になれるかもしれませんね。できる職人とできない職人の違いは、このへんにあるのかもしれません。

私もYさんの姿を見て改めて初心に返り、職人の仕事の仕方を学んだような気がします。「**心が変われば行動が変わる。行動が変われば習慣が変わる。習慣が変われば人格が変わる。人格が変われば運命が変わる**」と言います。よい習慣を身につけることが、職人として大成する条件とも言えるのではないでしょうか。

## 5 社内だけでなく、社外でも学ぶ職人

### ○「職人」ではなく「私欲人」

経営者自身は、社内だけでなく、社外でも学ぶことを心がけている人も多いでしょう。しかし、社内の職人はどうでしょうか。社外でも学んでいる職人はほとんどいないのではないでしょうか。当社でも、20年前には社外で学ぶ職人なんてひとりもいませんでした。

OFF-JT（社外研修）に取り組んでいるようす

そのころ、私が社外研修会などで外出しようとすると、「また遊びに行こうとしてる」とか、「仕事と外のつき合いのどっちが大事なのか」と陰口をたたかれました。当時の社内では、私のように社外に学びに行くことは、会社に何のメリットももたらさない悪いことのように考えられていたのです。

私自身は、会社のことを考え、自分の知識や技術を高めることはとても大切であり、最優先事項と考えていました。ですから陰口や誹謗中傷に耐え、さらに積極的に社外に学びに行きました。そして、後輩職人に私が学んだことを一つひとつ伝えていきました。

当時を振り返ってみると、周りの人たちが私の行動に否定的になっていたのは、社外で学ぶことへの不安や恐怖心があったのだと思います。だから、私の行動に文句をつけていたのです。しかし今は、当社にそのような職人はひとりもいません。

自分では行動を起こさず、他人の行動を批判し、自分のことばかり考えている人、会社のことや一緒に働いている仲間のことを考えられない人は、「職人」ではなく、「私欲人」です。私は、後輩職人たちを立派な職人に育て上げたいと常々考えていますが、この「私欲人」にだけは絶対になってほしくないと考えています。

## ○一歩踏み出したから出会いがあった

私が、初めて本格的なOFF-JTに参加したときに、私の「人財育成」の師匠でもある日創研グループの代表である田舞徳太郎さんは、このような経験の上に今の自分が存在するのだと、ご自身の修業時代の話をしてくれました。

田舞さんも若かりしころ、寿司職人の修業の経験があり、そのころの話です。私は涙を流しながら、その話を聞いたことを思い出します。要約するとこのような内容です。

「寿司職人の修業をしていたころ、早朝から深夜までの仕事が終わって住み込みの部屋に戻り、明かりをつけて本を読んで勉強していると、先輩職人から勉強なんかするんじゃないと怒られ、読んでいた本を取り上げられ破り捨てられた。そして、職人は勉強なんかしていないで仕事だけすればいいんだと捨て台詞を言われた」とのこと。

まさに、職人修業時代の自分の体験と同じだと思いました。その話の続きで、田舞さんは、

「このとき、そのような仕打ちをした先輩職人のようには絶対にならない。自分は勉強して立派な職人になり、自分で店を持ち、しっかりと人財育成をしていくことを決意した」そうです。

私はこの話を聞き、職人でもしっかりとした人財育成ができるのだと考え、現在、職人育成をしています。田舞さんからはその後も指導を受け、当社の45周年式典の際には額に入った書をいただきました。

**「仁義」**

**「財を遺すは下、事業を遺すは中、人を遺すは上なり、されど財をなさずんば事業保ち難く、事業なくんば人育ち難し」**

この言葉は今の私の支えでもあります。この言葉には後にも触れますが、もし私が「職人」ではなく「私欲人」であったならば、社外で学ぶことはなく、人財育成の師匠であり、経営の師匠でもある田舞さんとの出会い、全国各地の左官の同志と出会うこともなかったと思います。

一歩踏み出すことができなかったら、当社の現在はなかったと思います。みなさんも周りにいるかもしれない「私欲人」には影響されず、積極的に社外で学んでください。結果を出す職人になるためには一歩踏み出す勇気が大事です。

# 6 「読み・書き・そろばん」&「IT・PC・SNS」

## ○職人に絶対に必要な「知識」

「読み・書き・そろばん」という言葉を聞いたことがあると思います。これは江戸期の寺子屋の時代から使われていた言葉のようですが、私が職人になるための修業をしていた30年前にも、「職人でもこれからは、読み・書き・そろばんができないと生きていけないよ」と、よく言われたものです。

私の会社の経営理念には、「礼儀・技術・知識」が入っていますが、「読み・書き・そろばん」、つまり文章を読んで理解する能力、相手に伝わるような文章を書き、説明する能力、計算する能力の「知識」の部分が職人には必要だと私は確信して、経営理念に掲げました。

私が昔、PCや勉強を一緒にしようとある職人を誘ったときに、その職人はこう言いました。「自分は馬鹿だから職人の道を選んだんだ」「体力に自信があるから職人の道に入ったんだ」と。それこそ馬鹿な話です。

これからの時代、馬鹿のままでいいと思っている人に職人は務まりません。1年目から現場でしっかり稼げる職人になるためには、しっかりと学んでください。

PCで自社PRの資料をつくっているようす

## ○自分たちがやりたい仕事を受注するためのITスキル

文章を読んで理解する能力とは、図面や施工要領書、材料の説明書等を読んで理解する能力です。これがなかったら職人としていい仕事はできないでしょう。しかし現実には、内容を理解できていない、読んだつもりの職人が意外と多いのです。現場でのミスはこの部分で起こります。

次に、相手に伝わるような文章を書き、説明する能力です。図面や指示書を書く能力になります。自分自身の理解が不十分なため、わかりづらい文章や説明で、相手に伝えたつもりになっていることがあります。ここでもトラブルが起こります。

そして、最後に計算する能力です。積算をしたり経営する能力です。ここに問題がある場合には、常に予算オーバー、経営は赤字になるでしょう。

ですから職人でも「読み・書き・そろばん」が重要な

のです。

近年では職人でも「ＩＴ・ＰＣ・ＳＮＳ」が必須です。職人だからわからない、必要ないではなく、「読み・書き・そろばん」と同様に身につけなければならないスキルです。

まず、ＩＴ（information technology）＝情報技術です。インターネットがこれほどまでに普及し、あなた自身もインターネット抜きには生きていけないのではないでしょうか。

そしてＰＣ。職人の仕事もＰＣ抜きでは立ち行かなくなっています。

最後にＳＮＳ（social networking service）。これも顧客との接点・つながりをつくるために必要不可欠です。

私たちの顧客となる人たちは、インターネットを介して情報を得て、どこの商品を買うか、どこに仕事を依頼するかを決めています。これからのできる職人は、「読み・書き・そろばん」＆「ＩＴ・ＰＣ・ＳＮＳ」のスキルを身につけなければなりません。社内にもこのスキルを身につけられる環境を構築していくことが急務なのです。

そして、これらのスキルを最大限に活用して全社・全職人で営業活動を行ない、自分たちがやりたい仕事を積極的に受注していきましょう。

私の会社では、数年前から定期的にＩＴ・ＰＣ・ＳＮＳの専門講師を迎えて、販売促進勉強会を開催しています。毎日更新している職人ブログもその勉強会で提案されたものです。当社の職人たちに聞くと、スマホやPCを使った販売促進勉強会は、他の勉強会よりも楽しいそうです。

まずはみなさんも、楽しみながらIT・PC・SNSに取り組んでみてください。驚くべき効果があるはずです。

## 7 結果を出せる職人は現場の演出がとてもうまい

### ○一緒に働く職人のベクトルを同じ方向に向かわせる演出

「できる職人の休憩時間の使い方」のところに登場していたS棟梁とYさんは、現場の演出もとても上手でした。私は、多くの現場でたくさんの職人たちの話を聞き、お客様とも話をしていますが、お2人と現場をともにして多くの気づきを得ることができました。

職人の現場での演出には3つの効果があります。

ひとつ目は、社内的なものです。現場内的とも言うべきかもしれません。社内、現場内で働くすべての社員や職人さんに向けたものです。

S棟梁は、現場での休憩時間を有効に使い、すべての職種の職人ととてもよいコミュニケーションを取り、意図的に現場の仕事の流れをよい状態にすることにより、トラブルがなくスムーズに仕事が進むようにしていました。言わば、現場の潤滑油のような役目をはたしていたのです。

休憩時間に親方と打ち合わせを進めるS棟梁

もし、S棟梁がそのような演出をしなかったら、現場はどうなっていたでしょう。職人間のコミュニケーションがうまく図られず、ギクシャクしてトラブルが増えて、スムーズに仕事が進まなかったことでしょう。

では、Yさんはどうだったでしょうか。黙々と真摯に仕事に取り組む姿勢を他の職人に示し（本人は意識していませんが）、自分の持っている技術力を最大限に発揮して、お客様に喜んでもらえる仕事を体現していました。

これは無意識にかもしれませんが、一緒に働く職人のベクトルを同じ方向に向かわせる役目をはたしていたのです。

このお2人とお寺の本堂建立という仕事に携わることにより、結果を出せる職人の本質が本当によくわかりました。

**○職人としての自分自身への演出**

もうひとつは外側に向けた演出です。お客様に向けてです。

お客様への毎日の元気な挨拶や笑顔、それと職場や現場、資材置き場から仮設トイレ等の5Sです。どんなにいい仕事をしていたとしても、現場が散らかしっぱなしで仮設トイレが汚れていたら、すべてが台なしです。お客様はこのへんのところを本当によく見ています。

当社の職人は、会社のトイレはもちろんのこと、どの現場においても仮設トイレは常に5Sの徹底に努めています。資材置き場や作業をする場所、「壁の匠　左官道場」についても同様です。仕事場がきれいなことは、すべてにおいてよい影響があります。仕事のできる職人や業績のいい会社は、周りを汚さず、常にきれいが徹底されています。

そして、最後の3つ目になりますが、職人育成において一番大切な、自分自身への演出です。常に自分自身の心の状態を意識して、建設的・肯定的なプラス思考（可能思考）の状態にしておくこと。体の状態も同様です。常日頃からプロ意識を持ち、健康管理に細心の注意を払い、現場では最高のコンディションで仕事に臨むのです。スポーツ選手で言うならば、セルフイメージですね。

私の場合は、現場での仕事のスタイルは尊敬できる親方のまねをしています。経営においては経営の師匠のまねをしています。尊敬する親方や経営の師匠に今の状態を見られても、恥ずかしくないような行動を意識して取っているのです。

みなさんも、この人のようになりたいという人を見つけて、その人の行動を意識してまねしてみてはどうでしょうか。これが職人としての自分自身への演出になります。
この3つの演出を心がけることにより、結果の出せる職人になれるのです。

## 8 稼げる職人になるための自己PR&自社PR

### ○なぜリピートしてくれたかを分析する

お客様からの再受注があり、「以前来てくれたあの職人さんにまた来てもらいたい」と連絡をいただくことほど、経営者としてうれしいことはありません。当然、指名を受けた職人は、お客様に認めていただけたのですからとてもうれしいはずです。その職人は、またお客様に喜んでもらえるような仕事をしようと考え、実際に一所懸命すばらしい仕事をしてくれます。

これは職人としても会社としても、非常によい循環になります。継続的にこのよい流れができれば言うことはありません。このような状態をつくっている人気の美容室や飲食店が近所にありませんか？　よく観察してみてください。

経営学の神様と言われるピーター・ドラッカーは、「企業の目的は顧客の創造と維持である。新たな顧客をつくるのと同時に、リピーターをつくることが大事だ」と言っています。

再受注で指名された職人は、お客様に気に入られる仕事をしたことにより、リピーターをつくりました。では、「お客様がその職人のどこに魅力を感じてリピートしてくれたのか」を分析することが大切です。技術なのか、それとも対応なのか、それ以外のことなのか。

先ほど、近所で人気の美容室や飲食店はありませんか、と質問をしましたが、そのお店はなぜ繁盛しているのでしょう？　そこにもヒントがあるかもしれません。

【図表6　5S活動】

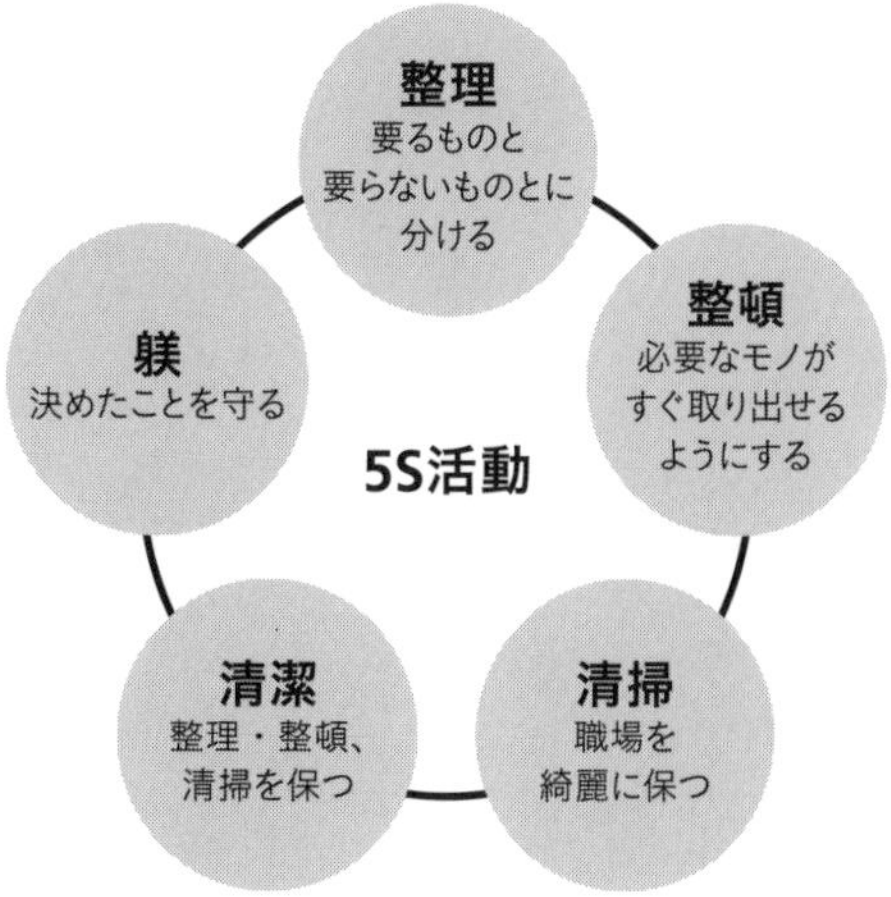


稼げる職人になるためにもっとも重要視すべきは、周りの人から自分や自分の会社がどのように見られているかを客観的に把握することです。そこを意識した行動が大切です。間違ってほしくないのは、人の顔色をうかがえということではありません。まず、稼げる職人は常に5Sの実践を心がけています。

## ○5Sできる自己PR&自社PR

5Sのひとつ目のSは「整理」です。整理とは、使うものと使わないものを分けることです。常に使用するものは、身近に置いてすぐに使えるようにしておくこと。たまに使うものは、誰もが使えるように元の位置に戻す。使用しないものは処分する。整理することにより、道具や在庫品を探す時間が短縮され、無駄なものを買わなくてすみます。いらないものは処分すれば、空いたスペースが有効に使えます。

2つ目のSである「整頓」とは、誰が見てもすぐにわかるようにすることです。たとえば、棚があれば棚の図をつくり、どこに何があるのかを表示します。道具名や材料名を書いたボードを掲示したり、車両であれば、駐車スペースのどこにどの車両が止まっているかをわかるようにします。整頓でも、探す時間の短縮や作業効率を上げることができます。

続いて3つ目のSになりますが、これは「清掃」です。清掃とは、ゴミを拾い、汚れているところをきれいにすることです。私たちの仕事で言えば、現場はお客様の住宅や庭になります。職場は事務所や倉庫・資材置き場ですが、どちらもゴミや汚れのないきれいな状態にしておかなければなりません。きれいな状態を保つことにより、安全・安心な現場で仕事がやりやすくなるのです。ですから、毎日清掃をきちんと行なう習慣をつけたいものです。

4つ目のSは「清潔」です。清潔とは、整理・整頓・清掃された状態を維持すること。これらが改めて指示しなくてもルール化されており、清潔になっていることです。

最後のSは「躾」です。躾とは、現場でのルールや規律、法律や安全に関する決まりごとをしっかりと守るようにすること、また守られている状態を習慣化することです。

職人は、何よりこの最後のSが難しいのです。人が見ていればできるのですが、目を離すとできない。一時的にはできるが継続的にできない、ということがよくあります。

5Sを徹底すれば、外部からの、自分や会社に対する見方が変わってきます。5Sを徹底することにより社風がよくなり、働く職人はその社風に染まります。新たに入ってくる新人職人も、必ずその社風に染まるのです。

まとめとして、掃除の3つの効果について述べておきます。ひとつ目は、掃除をしている場所がきれいになります。2つ目は、掃除をしている自分の心がきれいになります。3つ目は、その姿を見ている周りの人たちの心もきれいにすることができるのです。

さほど難しいことではありません。5Sの実践で稼げる職人になるための自己PR&自社PRができるのです。

## 9 毎日続けられる事務員不要のシンプル作業日報

### ○各自が作業日報をつける習慣

みなさんは、作業日報を毎日きちんとつけているでしょうか?

会社が仕事を受注して、職人は会社からの指示に従い現場で仕事をします。現場での仕事を終

現場から戻ったらシンプル日報を記入し、各自PCでデータ化する

えて会社に戻り、翌日の積み込みをすませ、1日の仕事が終了。その後は職人同士で雑談をするか、すぐに帰宅するというのが、私が会社に入ったころの職人の1日の流れでした。

デスクワークはほとんどありませんでした。現場の状況の把握や人員の手配などは、番頭役の前社長が職人から聞き取りをして行なっていました。今考えてみると、どうやって現場管理をしていたのだろうかと不思議に思いますが、職人のK・K・D（経験・勘・度胸）で行なっていたのではないでしょうか。

当時、私の会社には作業日報というものは存在せず、職人が現場から戻ってきてデスクワークをするという習慣もなかったのです。やがて私が職長になって、社長に代わり番頭役を受け持つようになりました。私はゼネコンに勤めていた経験から、この状態では非常に効率が悪く、職人の数が増えると、番頭役に仕事が集中してとても大変になると感じました。

そこで、ＰＣが普及しはじめていたこともあり、ＰＣとプリンターを使って作業日報を作成しました。そして作業日報を職人一人ひとりに配布し、その日の作業状況や使用材料、使用工具等を細かく記入してもらうようにしました。

職人が現場から戻ってきて日報に記入する時間は概ね15分です。職人一人ひとりに日報業務を分担することで短時間ですみ、なおかつ記録にも残り、後からの確認も簡単にできるのです。

ちょっとした業務の改善ですが、職人に作業を分担することで簡単に事務の効率化が図れることに気がつきました。

## ○自分で考え、行動できる職人を育成する

その後ほどなくして、当時は高価だったノート型ＰＣを職人に1台ずつ貸与しました。「職人にＰＣ！」と、当時は他社の人に驚かれました。職人の中には、「ＰＣはＮＧだ」と言う人もいました。職人特有の新しい取り組みへの拒否反応もありました。

しかし、数名の若手職人を巻き込み、ＰＣ拒否の職人を説得しながら、徐々に社内にＰＣが普及しはじめました。すると、驚くほど社内業務の効率が上がったのです。

その後少しずつ改善を加えながら、職人が現場から戻ってきたら、まず手書きのシンプル日報

を書いてもらう、それを順次回しながら職人一人ひとりが各々ＰＣに入力して、現場管理表・個人別月計表に集計する、という流れができました。

その結果、作業日報の本来の役割でもある情報の共有化ができて、なおかつ月末の請求漏れや現場での段取りミス等が激減したのです。私の会社には事務員は不要です。職人だけで社内業務がすべてできてしまうのです。これが多能工ならぬ多職能になるわけです。

たかが作業日報ですが、されど作業日報だったわけです。

ここまで作業日報による業務改善とその効果について話してきましたが、職人の会社には職人の会社なりのやり方があるのではないでしょうか、社内で職人同士が日々の業務改善について真剣に意見を出し合い、今取り組んでいる仕事のやり方を見直す習慣を身につけることが大切ではないでしょうか。

今よりもっと「速くできないか?」「きれいにできないか?」「簡単にできないか?」「安くできないか?」と、常に職人に考えてもらうのです。常に仕事・業務の改善提案をし続け、行動に移せる職人に育てるのです。指示待ちの職人ではなく、自分で考え、行動できる職人を育成しましょう。

6章

# 売れる技術を身につけろ

# 1 技術を身につけただけでは稼げない現実

## ○いくら優秀でも、誰も知らなければ売れない

技術があるのに経営がうまくいっていない会社があります。逆に、技術はそれほどでもないのに繁盛していて経営がうまくいっている会社もあります。

「技術だけあっても、経営がうまくいくとは限らない。技術は売れてはじめて技術となり、評価されてはじめて技術になるのだ」ということを理解していただきたいと思います。

私の会社は創業当時から、左官の技術においては地域の中でトップクラスの実力を持っていました。しかし、経営のほうはどうだったかと言うと、仕事の受注が不安定でどんぶり勘定なところがあり、資金繰りでは毎月本当に苦労していました。職人一人ひとりも技術はあるのだから、と過信していたところがあったのかもしれません。

たしかに技術力はあったかもしれませんが、そのことがお客様になる人たちに伝わっていなかったことが、そのような事態を招いたのではないかと今では思っています。実際に当時の当社の状況を調べてみると、自分たちが考えているよりも地域での知名度は低く、左官の技術力があることもほとんど知られていませんでした。

これでは、仕事の受注につながらなくて当たり前です。そこでお客様がどのように仕事を依頼してくるのかを考えてみました。今どきの買い物の仕方や工事の依頼の仕方を見てみましょう。

私たちが商品を買う場合には、まず買いたい商品を思い浮かべ、実際にどのようなものがあるかをインターネットで検索します。たとえば「掃除機がほしい」としましょう。早速インターネットで検索します。さまざまな掃除機がディスプレイに出てきて、価格や性能が羅列されることになります。

あわせて、カスタマーレビューを見ます。製品に対する評価は星の数が1から5まであり、星の数が多いほうが評価は高くなります。カスタマーレビューには、購入者が製品を使ってみて、どのような感想を持ったかなども書かれています。消費者は、このカスタマーレビューをよく読んで、買うか買わないかを決めているのではないでしょうか。

よく考えてみると、私たちの仕事も同じなのです。今の世の中は、インターネットでどのような会社なのかすべて調べられるのが現状です。自社の技術を売りたいのであれば、インターネットを無視することはできません。とくにホームページは必須と言えます。

## ○お客様に知ってもらう努力

私の会社は15年前までは、工務店や建設会社の１００％下請けの左官工事店でした。しかし、今では70％以上が、一般のお客様からの直接受注になっています。これは、意図してBtoB（会社対会社）からBtoC（会社対顧客）への転換を図ってきた結果です。

会社をなぜこのような体制に変えたのかというと、直接お客様の声が聞けることや現場で働く職人にやりがいのある仕事をしてもらいたかったからです。

しかし、最初はなかなか一般のお客様からの注文は来ませんでした。私も職人上がりの経営者ですから、以前は技術力があれば仕事は自ずと入ってくるだろうと考えていました。しかし、現実はそのように甘いものではありませんでした。

やはり販促活動をしなければ、仕事はぜんぜん入ってこないし、営業について学ばなければ受注には結びつきません。そのような苦い体験から、当社の職人には技術面以外のことにも取り組んでもらうようにしました。

まず、現場での施工写真を撮って、その写真をもとにチラシをつくって地域の家庭にポスティングしました。また、職人が現場で壁を塗っている写真の路面看板を作成し、露出の高い場所数ヶ所に掲示しました。そうした努力が実を結んで徐々に知名度が上がり、仕事の受注ができるようになりました。

# 2 必要とされる職人、必要とされない職人

## ○お客様は職人の一挙手一投足をよく見ている

さて、現場で仕事をしている私たちの姿は、お客様にどのように見られているのでしょうか？私たちの仕事は、騒音やホコリ、臭い等で少なからず周辺の方に迷惑をかけています。左官の仕事は、ブロックやタイルを加工するときにダイヤソーを使うので、電気がないところでは発電機を使ったり、ミキサーや削岩機なども使います。私が言うのもなんですが、かなりうるさいと思います。

工事車両の駐車の仕方も、路上駐車をしてしまったり、近隣に迷惑な駐車をしてしまうこともあるのではないでしょうか。雨が降った翌日など現場がぬかるんでいると、タイヤの汚れが路上を汚してしまう。汚してしまったのは仕方がないとしても、掃除もせずにそのまま帰ってしまう。すると、お客様や近隣の方は、車に書かれている会社名で、どこの業者なのかをしっかりと見ています。

元請会社や現場監督は、決められたルールがしっかりと守られているかを見ています。ヘルメットや安全帯などがきちんと着用されているか、工具などが安全に使用されているかを見てい

ます。喫煙マナーは守られているか、現場内は整理整頓されているかを確認しています。

また、工程どおりに仕事が進められているかや作業中の作業員の態度、休憩時間の休憩の仕方、現場や現場周辺の掃除のようすや挨拶の仕方なども見ています。

私の会社には、よくお客様からのお叱りの電話がありますが、本当によく見られていると感じずにはいられません。では、なぜお客様が、あなたの会社に仕事を依頼するのかを考えてみましょう。

## ○コスト意識を持っているか

たとえば仕事を依頼するとき、支払うお金が1万円で得られる価値が2万円だったら、1万円得するわけですから喜んで仕事を依頼しますよね。

では、その逆だったらどうでしょう。支払うお金が2万円、得られる価値が1万円だったら1万円損してしまうわけですから、仕事は依頼しません。

商品を買ったり、仕事を依頼するのは、支払うお金よりも得られる価値のほうが高いからです。つまり、お客様が支払う金額を安くするか、お客様が得られる価値を上げるかしないと、仕事は獲得できないということです。

実際には、お客様からいただけるお金が減ったら困ってしまいますよね。ですから、お客様に与える価値の部分を上げなければならないということです。私たち職人にとって一番の価値と言えば、やはり技術になるのではないでしょうか。

その他に何かお客様に与える価値を上げる方法はあるでしょうか？　実はあるのです。ひとつは仕事に関する知識を高めることです。材料や施工方法に関する知識です。もうひとつはマナーやサービスを高めることです。

実は、私の会社も15年前までは、お客様に与える価値を上げずに価格を安くするようなことをしていました。しかしお客様は、コストパフォーマンスが高いほうに、つまりは支払う金額よりも与えられる価値が高いほうに仕事を依頼する、ということに気がつきました。

お客様に喜ばれ、経営を安定させるためには、お客様に「この会社に依頼すると、満足のいく仕事をしてもらえる」と感じていただけることが大事なのです。つまり、職人一人ひとりがコスト意識を持つように指導していくことが、よい結果をもたらすことになるのです。

必要とされる職人と必要とされない職人の違いは、コスト意識を持っているか、持っていないかです。現場の予算や材料の原価をしっかりと把握し、コストを意識して仕事に取り組むことが、稼げる職人、必要とされる職人になるステップと考えましょう。

## 3 稼ぐに追いつく貧乏なし

### ○業績の悪い会社の社風はだらしない

稼げる職人と稼げない職人の違いはコスト意識にあります。では、そのコスト意識について考えてみたいと思います。

コストには2種類あります。ひとつは、売上げを上げるために必要なコスト（経費）です。仕事を受注するための広告宣伝費や職人を育成するための人材育成費、新商品を開発するための研究開発費、材料を購入するための費用等が含まれます。

もうひとつは、売上げにつながらない不要なコストがあります。たとえば不良在庫や必要のない土地、非効率な作業や無駄な打ち合わせ時間等がこちらに含まれます。

コスト意識があるというのは、必要な経費はかけ、必要ではない経費は削減するということです。

現場で一人ひとりの職人の作業状況を見ていると、コスト意識のない職人は非常に無駄が多いことに気づかされます。職人は仕事の効率を考えず、材料も無駄にしています。たとえば材料を運ぶにしても、工夫をすれば1回の往復ですむものを何往復もしています。作業においても無駄や失敗が多く、二度手間、三度手間をかけています。

コスト意識のない職人の仕事は当然、多くのコストがかかってしまうため、利益が出なくなってしまいます。利益が出なければ、本来、必要なところにもコストがかけられなくなって、会社の経営状態は悪化してしまいます。

業績の悪い会社には、コスト意識のない職人が多く存在しています。そんな職人が多い会社は、必ずと言っていいほどだらしない社風になっています。たとえば、倉庫や資材置き場が散らかっていたり、事務所やトイレが汚れていたり、現場が整理整頓されていないのです。職人にコスト意識を持たせるには、社風の改善が必要です。社風の改善といっても大げさなことではなく、まず5S（整理・整頓・清掃・清潔・躾）を徹底することからはじめてみましょう。

## ◯コストの削減は考え方しだい

では、ここでコストについて現場の事例を取り上げてわかりやすく説明します。

現場で一服するときに、飲み物はどこで買いますか？

ペットボトルのお茶やコーラなど、ついつい自動販売機やコンビニで買っているのではないでしょうか。自動販売機やコンビニは定価販売なので、1本150円程度します。しかし、スーパーなどの安売りで購入すれば、半値の75円程度で購入できます。

**【図表7　5Sとは】**

| | | |
|---|---|---|
| 1S | 整理とは | 必要なものと不要なものを分ける |
| 2S | 整頓とは | 必要なものがすぐに取り出せるようにする |
| 3S | 清掃とは | ゴミ、汚れのない状態を保つ |
| 4S | 清潔とは | 整理・整頓・清掃が実施されている状態 |
| 5S | 躾とは | 整理・整頓・掃除の目的とそれを維持するためのルールを教育する |

1日3本飲むとすると、3本×150円＝450円になります。30日だと450円×30日＝1万3500円、1年間だと16万3500円×12ヵ月＝16万2000円になります。

半値で購入した場合は、3本×75円＝225円、30日で6750円、1年で8万1000円。つまり、半値で購入すると8万1000円もコスト削減になるのです。

これが10人のグループであれば、年間81万円のコスト減になります。必ずしも安いところで購入したほうがよいということではありませんが、コスト削減にはさまざまな方法があるということです。

「入るを量りて、出ずるを制す」という金言があります。入ってくるお金（売上）をより多くし、出費（経費）をより少なくすることで利益を出すことができる、ということなのです。合わせて5Sを実践すれば、稼げる職人になることができます。

# 4 技術力×営業力＝やりたい仕事で利益が上がる

## ○お客様の役に立ってこそ技術である

前述しましたが、技術力がある会社が必ずしも儲かるとは限りません。同様に、技術力がある職人が必ずしも儲かるとは限らないのです。

技術力は、人の役に立ってはじめて技術力として評価され、価値があるのであり、人の役に立っていないものは技術力とは言えません。技術力×営業力で、はじめてお客様の役に立つことができ、利益につながるのです。

ですから、技術力と営業力をフル活用して、積極的に自分たちがやりたい仕事を受注し、利益を生み出す仕組みを考え、構築していくことが重要なのです。

バブル崩壊後の1990年代前半、本来の仕事の受注がまったくなく、さまざまなことに対応できる技術力があるにもかかわらず、自分たちの技術力が活かせるやりがいのある仕事ではなく、来るもの拒まずの何でも屋のような仕事をしていた時期がありました。これといった営業努力をせず、技術力があれば何とかなると考えていた時期でした。

結果は、一緒に仕事をしていた職人たちのモチベーションは下がる一方で、当然、会社も毎月赤字の状態が続いていました。このとき、このままこの日常が常態化してしまうと会社の存続の危機であると考えて、技術力を売り込むための提案営業について勉強をはじめました。

## ○経営学の知識の大切さ

最初に学んだのが、経営学の神様と言われるピーター・ドラッカーの「企業の命題」です。ドラッカーは、「企業の命題とは永続である」と言っています。これは、職人として生きる自分自身の命題でもあると感じました。

職人の仕事を永続させること、諦めず続けていくことは何よりも大事なことで、これが大前提となります。そして、企業の目的＝職人として生きる目的は何かというと、顧客の創造と維持なのです。そうなのです。思うような仕事が受注できなかったときの私は、この顧客の創造と維持がまったくできていなかったのです。

来るもの拒まずは顧客の創造ではありません。元請会社から言われるままの受注も、顧客の創造とは言えないのです。提案営業をしてお客様を創っていくこと、職人である自分自身の強み、価値を提供してお客様に支持され、お客様を増やしていくことが、職人として生きていく目的なのです。

学びはさらに続きます。企業の機能＝職人の機能はマーケティングとイノベーションであると学んだのです。これはどういうことかと言うと、マーケティングは売れる仕組みを創ることであり、イノベーションは常に新しい価値を生み出していくことです。私はこの学びで、経営学とはすなわち、職人学ではないかと感じました。

仕事のできる職人になり、職人として強く生き残るためには、この学びがとても重要ではないでしょうか。本物のできる職人というのは、技術のみならず、経営の知識も持ち合わせることが必要なのです。技術力×営業力で積極的にやりたい仕事を受注して、一緒に仕事をする職人たちも巻き込んでチーム全体のモチベーションを上げる仕組みをつくるのがあなたの仕事なのです。

# 5 口コミ・紹介受注……現場演出ができる職人社員育成法

## ○経営理念の浸透で職人が育った

既存顧客から新たな仕事をいただくのに必要な労力や費用と、新規顧客を開拓して新たに仕事を受注するための労力や費用を比較した場合、前者より後者のほうが5倍から10倍必要と言われています。それだけ何の接点もないところから新規顧客を発掘し、仕事を受注するのは難しいということになります。

ですから、まったく無のところから仕事を受注するのではなく、既存のお客様から口コミや紹介をしていただくのが、効率のよい方法です。私の会社ではここ数年、既存のお客様からの再受注、再々受注、口コミ、紹介受注が増えてきています。

経営理念を掲げる前までは再受注などほとんどなく、リピート率は20％以下でした。しかし、ここ数年のリピート率は80％以上になっています。以前の状態と現在の状態、いったい何が違うのでしょうか。私の分析では、経営理念「私たちは礼儀・技術・知識の向上を目指し、感謝の気持ちで社会に貢献します」を掲げ、しっかりと社員教育・職人育成を行なってきた結果がようやく実ってきたのではないかと考えています。

経営理念を掲げる前は、当社の職人のマナーの悪さが、リピート率を低下させ、再受注を妨げる原因になっていたことは言うまでもありません。加えて、職人の知識不足によるお客様の不信感、施工ミス等も顧客離れにつながりました。

私は、この問題を解決するために、先ほどの経営理念を掲げ、経営者である自分自身とともに、働く職人のマインド・イノベーションを図ってきました。

朝礼や勉強会でもマナーや技術、そして知識について語り合い、自分たちがお客様からどのように見られているのかも議論してきました。その結果として、徐々に口コミ受注や紹介受注が増えてきたのです。お客様に見せる現場演出ができる職人が育ってきたと言えるでしょう。

## ○「当たり前を超える当たり前」に人は感動する

では、どのようにすれば、お客様に見せる現場演出ができる職人が育つのでしょうか。それは、「当たり前のことが当たり前にできる」から、もう一歩踏み込んだ「凡事徹底」にまで高めることです。「凡事徹底」という言葉は、自動車用品チェーンのイエローハットの創業者である、鍵山秀三郎さんの本で知りました。

「凡事徹底」とは、当たり前のことを当たり前にやるのではなく、当たり前のことを人にはまねできないほど一所懸命にやる、ということです。お客様は、当たり前を超える当たり前には、感動するのです。感動とは、感じて動いてくれることですから、口コミをしてくれたり、親戚や友人・知人等を紹介してくださるのです。

私の尊敬する経営者、千葉県船橋市にあるパン屋さん「ピーターパン」の横手和彦会長からこのようなお話を伺ったことがあります。

「お客様の喜ぶことを常に考えなさい。お客様の喜ぶことを実際に行動に移しなさい。そして、喜んでいるお客様の姿を見て喜べる職人になりなさい」

私はこの言葉を聞いたときに、そういう職人になれるように精進しなければと感じたとともに、ひとりでも多くの職人をこの境地に立たせたいと感じました。そのような職人を目指して仕事に取り組んでいけば、必ずお客様から支持され、自ずと道は開けるのではないでしょうか。

# 6 職人の技術は売れて初めて技術になる

## ○自称「腕がいい」は自信過剰か勘違い

あなたが料理人で、どんなに自分で「おいしいものだ」と主張しても、食べたお客様が「おいしくない」と感じたら、それは「おいしくない」のです。お客様に「本当においしい」「また食べに来たい」「今度は友だちも連れて来たい」と思ってもらえたときにはじめて、自他ともに認める「おいしいもの」になるのです。プロの料理人であれば、それを目指すべきでしょう。

あなたが職人であれば、どんなに私には「すばらしい技術がある」と主張しても、お客様が必要としなければ、お客様に買っていただけなければ、「すばらしい技術」にはならないのです。どんなに価値があると主張しても、その価値をわかってもらえなければ、価値はないのと同じなのです。

私が職人になるための修業をしていたときには、早く一流の職人になりたい、腕のよい職人になりたいと毎日考えていました。一流の腕のよい職人になれば引く手あまたで、お金もたくさん稼げるし、仕事の受注にも困らないと思っていました。

しかし、実際のところは違っていました。私の周りには自称腕のいい職人が結構いました。で

新人職人も入社後すぐに職人ブログを担当

は、その人たちが忙しく仕事をしているのかというとそうではない。仕事がなく困っている。利益は思うように上がっていないのです。

なぜかというと、自称では駄目なのです。評価してくれるのは周りの人であり、お客様なのです。おそらく自称「腕のいい職人」は十中八九、自信過剰か勘違いのレベルです。

## ○職人の技術は売り方しだい

職人であるからには技術レベルを高めるのは当たり前です。飲食店で言えば「おいしい」のは当たり前です。技術レベルが低い、まずいのではそもそも土俵に上がることすらできないのです。

そこを踏まえて、人に評価され売れる状態にするには、ただ黙っていたのでは駄目です。職人であっても日々、ＰＲ能力、営業スキルを高めなければなりません。

当社の職人はこの部分にも力を入れています。4章に記載した「毎日更新職人ブログ」です。これは他社では、なかなかまねのできないことだと思います。職人一人ひとりが順番に現場レポートと施工状況の写真を載せたブログ記事のリレーを行なっているのです。

2015年からスタートして、今現在1700記事くらいになっているので、ブログからの仕事の問い合わせが近年急増しています。たとえば、「那須塩原市・漆喰工事」と入力して検索すると、職人ブログの記事が出てきます。ここから「壁の匠」のHPに誘導されるわけです。

当社の職人の中には、もちろん技術レベルの高い職人もいますが、入社したての新人職人もいます。すべての職人が職人ブログを交替で書いていますが、必ずしも技術レベルの高い職人の記事が高評価を得るわけではありません。新人職人の記事でも高評価を受け、受注につながるケースもあります。

過去の職人育成モデルで考えた場合には、新人職人が稼げる職人になるのには3年から5年くらいの期間が必要でしたが、当社の職人育成モデルであれば、PR能力と営業スキルにおいては新人職人でも十分、稼げる職人になり得るのです。

ぜひ、みなさんのところでもこのような仕組みを構築し、新人職人の活躍の場をつくってください。職人の技術は売り方しだいでなんぼでも売れるのです。

7章

# 今までの慣習にとらわれない新しい社風づくりに取り組む

## 1 職人育成モデルのイノベーション

### ○「壁の匠」のイノベーション

現在、社内で行なっている職人育成モデルが時代の流れに合っていなければ、時代に合わせてイノベーションする必要があります。

過去を振り返ってみればわかるように、世の中のさまざまなものがイノベーションされてきました。経営学の神様ピーター・ドラッカーは「企業の目的は顧客の創造である」と言っています。この言葉を私たちの仕事として考えた場合には、「仕事をとおしてお客様を増やしていくこと」となるでしょう。

次に述べているのは、「企業には2つの基本的な機能が存在する。マーケティングとイノベーションである」です。マーケティングを私たちの仕事に当てはめると、お客様のニーズ（要望）を満足させることです。マーケティングとは、「お客様のニーズを探り、お客様が満足する価値を提供する活動」なのです。職人という仕事をしていく上でもマーケティングは重視する必要があります。

そして、もうひとつの機能がイノベーションです。一般的に、イノベーションとは「技術革新」と考えられていますが、新しい技術開発によって新しい価値を創り出すことだけではありません。イノベーションは技術だけに絞られた革新ではないのです。

時代の流れの中でさまざまなものがイノベーションされてきた、と述べましたが、当社「壁の匠」が過去にイノベーションしてきたもののひとつとして、いち早く職人とPCを結びつけたことがあります。このことにより、社内の事務作業を一人ひとりの職人に分業してもらい、情報処理の時間を大幅に短縮させることが可能になりました。合わせて情報の共有もスムーズにできるようになったのです。

職人の多能工化や多職能化は、職人のマインド・イノベーション（意識改革）からはじまった社内のプロセス・イノベーション（業務工程革新）と言えるのではないでしょうか。今現在、職人とPCを切り離した仕事は考えられません。

## ○こんなイノベーションが必要だ

当社では、左官道具の改良・開発や新しい壁材の開発等も行なっています。左官道具の開発や新しい壁材の開発には、職人から得られる生の声の収集が必要不可欠です。その声を活かして異業種との連携も図り、道具や壁材の改善・改良を加えているのです。

伝統技術と最先端技術の組み合わせ、たとえば左官技術とレーザー加工技術のコラボレーショ

「壁の匠　左官道場」に植田親方を招いて
左官技術講習会を開催

ンなどで、今までにない新しい価値を生み出していま
す。これが、プロダクト・イノベーション（革新的な製品を開発して差別化を図る）とオープン・イノベーション（異業種とのコラボレーションによる価値創造）です。ここでも、ベースにあるのは職人のマインド・イノベーション（意識改革）です。

そしてもっとも大事なのが、職人育成モデルのイノベーションです。なぜなら、時代に合わない職人育成モデルでは、将来、会社を担う強い職人を育成することができないからです。

時代錯誤の職人育成モデルでは、内部から会社を崩壊させる危険を生み、職人になろうと入社してきた人の人生を狂わせてしまう原因にもなります。当社が行なっている職人育成モデルのイノベーションは、社内に経営理念を掲げた20年前から継続的に行なわれています。

ＯＪＴとＯＦＦ-ＪＴの効果的な組み合わせによる職

人育成、「壁の匠　左官道場」での職人育成、社内勉強会や前記のさまざまなイノベーションがそれにあたります。

職人育成モデルのイノベーションは、オーガニゼーション・イノベーション（新しい組織の実現）でもあります。今までの職人育成の固定観念にとらわれることなく、逆境に負けない強い職人、強い組織にしていくために、全職人を巻き込んで自社独自の職人育成モデルを構築してください。

## 2 多能工と多職能の職人社員を育成する仕組みづくり

### ○多能工化の進め方

建設業界では、15年ほど前から多能工という言葉を耳にするようになりました。もともと製造業ではこのような考え方が普及してきたようですが、建設業界にも多能工化が求められるようになってきました。

私たちの仕事で言えば、左官のことしかできない職人を単能工と言います。それに対して、左官に近い周辺分野の仕事まで網羅してこなしている職人を多能工と言います。たとえば、左官施工をする前の木工事やコンクリート工事ができたり、施工後のタイル張りや塗装、室内クリーニ

周辺分野の仕事を分析し、自社で実際にやってみる

ングなどができるのが多能工になります。

今までの考え方から言えば、私たちは専門工事業種という単能工であり、その道のプロということになります。しかし、これからは時代のニーズに合わせて多能工化を進めていくことが大切です。

さて、それではどのように多能工化を進めていけばいいのかを考えてみましょう。多能工はひとつのスキルだけでなく、多くのスキルを身につける必要があります。今までのように、「職人とはこうあるべきだ」「職人は自分の仕事だけをやっていればよい」という固定観念は捨て去ることです。「自分は左官職人なのだから、左官の仕事だけできればいい」という考えは改めなければなりません。

私も自分自身が職人だったこともあり、この固定観念に縛られることが多々ありました。しかし、なぜ職人は自分の専門分野のことしかやってはいけないのだろうという疑問もありました。

よく「餅は餅屋」と言いますが、たしかに専門職の人に頼んだほうがいいケースもあるかもしれません。ですが、周辺分野の知識と技術を身につけていれば、別に左官職人が大工仕事をやってもいいし、タイルを張っても問題はないでしょう。多能工化を進めて困る人はどこにもいません。

お客様にしても、工期を短縮してリーズナブルによいものをつくれば喜んでくださいます。職人自身も自分でさまざまなスキルを持てば、現場での活躍の場も増えるわけです。

ただし、多能工＝多くのスキルを持った職人ですから、自ずと学び方や技術の習得方法を考えていかなければなりません。生半可なスキルでは現場では通用しないのです。当社では、周辺分野の防水工事などは、防水材メーカーの講習会に参加して職人がライセンスを取得しています。また「壁の匠　左官道場」を利用して、他職種の技術勉強会などを定期的に開催して、周辺分野のスキル習得に力を入れています。

## ○「任せ上手は職人育成上手」

もうひとつの多職能ですが、前述したように、当社の職人にはＯＪＴとＯＦＦ－ＪＴをとおして現場作業以外のことにも取り組んでもらっています。たとえば、現場管理・原価管理・広報・

営業・プラン作成・作図・見積り・職人育成・イベント企画等、さまざまな職能を身につけることにより、職人自身の付加価値を高めています。

その成果として、一人ひとりの職人が自分の担当している現場の施工写真を撮り、ホームページやブログに記事を掲載しているし、SNSで情報発信もしています。現場での作業内容、施工をしていて難しかったことやPRしたいところをまとめ、自分の考えた内容で自分流の会社PRもしています。

また、作業日報・現場管理・原価管理・会議資料の作成等もしており、個々の職人が責任感を持って仕事をしているという実感を持ちながら、会社全体の作業効率アップや生産性向上に貢献しています。

しかし、最初からこのような全社的な取り組みができたわけではありません。一つひとつの業務をまず私自身が実際にやってみて、自分ができるのであれば職人にもできると考え、それぞれの業務について職人と顔を突き合わせて指導しました。

職人の感覚だと、人に任せるより自分でやったほうが早いと言う人がいますが、いつまでも業務を自分ひとりで抱え込むのではなく、できると思えば指導して職人に任せましょう。ひとつ任せたら、今度は自分は別のスキルを身につけ、またひとつ職人に教える、という流れを意識的につくることが、多能工と多職能の職人を育成する仕組みづくりになるのです。「任せ上手は職人育成上手」と心得ましょう。

# 3 利益は職人育成のために積極的に先行投資

## ○職人育成を筋トレのように習慣化させる

職人育成の重要性に早い段階から気づいて取り組んでいる会社は、おそらく同業他社よりも利益が出ていることでしょう。しかし、いまだに職人育成をないがしろにしている会社は、なぜ利益が出ないのかわからずに困っていることでしょう。

今まで職人育成に取り組んできた会社は、得られた利益を、さらに職人育成に積極的に先行投資してください。今まで職人育成に力を入れなかったことで、なかなか利益の上がらない会社も大丈夫です。まずは経営者の方は、気持ちを切り替えて早急に職人育成に取り組んでください。

経営者は自分の給料を削ってでも職人育成に先行投資してください。職人育成はあくまでも先行投資なのです。農家の人が作物を育てるように、毎日丹精を込めて育てることが大事です。

さまざまな環境条件があり、必ずしもきちんと育つというものではありません。しかし、育つと信じて毎日毎日、雑草を取り、栄養を与え、水を与え、丹精を込めて育て続けるのです。職人育成はとても時間がかかり、費用もかかりますが、強い会社にするためには職人育成がもっとも

若い職人を積極的に採用し、育てる仕組みをつくる

効果的であり、もっとも確実なのです。

自分自身の体に置き換えて考えてみると、よくわかるかもしれません。会社の職人育成は、毎日の筋トレと同じです。筋トレは、毎日毎週の地道な継続が大事です。短期的に結果を求めるのではなく、長期的な視点で考えることが大切です。それと同時に一度にたくさんではなく、継続的に少しずつの実行です。

これを毎日行なうことにより、鍛えられ、強い体になるのと同じように、会社も強い体質になります。職人育成も筋トレも継続がもっとも重要です。習慣化させることがもっともよいことなのです。

### ○10年で成果が目に見えるようになった

多くの名言、金言、著書を遺され、１０５歳で亡くなられた聖路加国際病院の名誉院長、日野原重明先生もこのように言っています。

「習慣に早くから配慮した者は、おそらく人生の実りも大きい」

この言葉は個人にも当てはまりますが、組織にも当てはまることだと思います。職人育成の習慣化が、強い会社をつくるのです。ですから、将来の会社を強い体質にしたいのであれば、積極的に職人育成に先行投資していきましょう。

当社も、私が社長になった当時は、人なし・金なし・よい習慣なしで、職人育成の先行投資など難しいと思っていましたが、このままではいけないと考え、経営の勉強をはじめ、1年間真剣に考えて経営理念をつくりました。そして、職人育成への先行投資を始めたのです。

最初のうちは、なかなか効果が現われませんでしたが、徐々に職人が育つようになりました。

10年経過したころには成果が目に見えるようになり、下請けから元請けへの転換もできました。

15年経過すると、職人の中から経営幹部が育ちました。

経営理念を掲げてまもなく20年が経過しますが、思い描いたように強い職人が育ち、その職人たちがまた新しい職人を育てるという形ができてきました。強い職人がさらに強い職人を育て、逆境に負けない会社になってきたように感じます。

将来の強い会社を実現するために、ぜひ職人育成に積極的に先行投資してください。

## 4 働き方改革への取り組みとWLBを意識した社風づくり

### ○なぜ働き方改革が必要なのか

職人の業界にも働き方改革の波が押し寄せてきました。働き方改革が、なぜこのように叫ばれているのか。この本でも職人不足の話をしてきましたが、職人だけでなく、あらゆる分野で労働力人口の減少が、想像を超える速さで進んでいることが理由として挙げられます。

労働力の主力となる生産年齢人口（15〜64歳）がハイペースで減少しています。私たちの業界で見てみると、かつては30万人以上はいたであろう左官職人が、今では7万人以下にまで減少しています。なおかつ、およそその半分が60歳以上です。あと5年たったらどうなってしまうのだろうと考えると恐ろしくなります。

この労働力不足に対応するために、働き方改革の取り組みが必要になるのです。職人の業界で考えてみると、ひとつは働ける職人を増やすということ、もうひとつは出生率を上げて将来、職人になる人を増やすこと。そして労働生産性を上げていかなければなりません。

働き方改革の具体的な課題を職人業界に当てはめてみると、長時間労働の改善をすることや、高齢者の就労促進になります。しかし、働き方改革への取り組みがもっとも遅れているのは建設

ユースエール認定企業

企業名：有限会社　阿久津左官店
所在地：那須塩原市三区町５９４－１８
業種内容：左官工事業
　代表取締役　阿久津　一志

○　経営理念
私達は、礼儀・技術・知識の向上の目指し、感謝の気持ちで社会に貢献します。

○　事業内容について…
左官工事・タイル工事・吹付工事・外壁の塗替え和室壁の塗替え・タイルの張替え・補修等

○　新卒の採用状況について…
前年度採用の１名は管内の高校から女性を採用。印象もよくとても一生懸命働いており、今年度の高卒求人については同高校を指定校にしている。

○　職場環境について…
若いスタッフが多く、活気のある職場。初心者でも親切丁寧に指導。実務５年で一級左官技能が取得可能です。社内外研修についてあり。

○　女性左官職人の活躍について
当社の女性左官職人採用は2人目になります。左官の仕事は、力仕事というイメージもあり、今までは女性左官職人というのは殆どいませんでした。
しかし、時代の流れとともに建設現場で女性職人が活躍するようになりました。左官という仕事はデザイン性や女性ならではの柔らかい感性等、活躍できる部分も増えてきています。今後も壁の匠では積極的に女性左官職人の採用育成に取り組んでいきますので　是非、チャレンジしてみてください。
○　若者の定着の秘訣等
当社には、壁の匠左官道場という左官職人育成のための訓練施設があります。昔は「技術は盗め、見て覚えろ」と言われていましたが、壁の匠左官道場で先輩職人が丁寧に指導をしてから現場での仕事を行います。昔のように下積みという辛いものではなく、早い段階で技術を習得してもらい現場で活躍できるようにしています。一つ一つの現場を丁寧に左官の技術で仕上げるため仕上げた後の達成感や充実感があります。

「壁の匠」が那須塩原市初のユースエール認定企業になる

業であり、専門工事業種の職人ではないでしょうか。ＷＬＢ（ワークライフバランス）についてもあまり考えられていないのが職人の業界です。

しかし、このことを他人事として働き方改革がなされない状態が長く続けば、若者からは敬遠され、現在働いている人も離脱していくことが予想されます。

## ○「壁の匠」の働き方改革

当社「壁の匠」では、数年前から働き方改革やＷＬＢを意識した社風づくりに取り組んできました。政府が働き方改革の方針を示してから、私も働き方改革について情報を集め、地域の経営者の仲間たちと「働き方改革に取り組みながら強い会社を創る方法」と題して勉強会等も複数回開催しました。

自社で働き方改革に取り組むにあたり、どのようなことができるのか、まずは経営者である自分自身が考え、職人たちとも話し合い、試行錯誤しながら労働時間の短縮や働きやすい職場環境づくりに徹底的に取り組みはじめました。

当社の取り組みは業界の中では早かったほうだと思います。何か基準になるようなものがないかと考えていたときに、ユースエール認定制度があったので、その基準をクリアできるように改善を進めました。ユースエール認定制度とは、若者の採用・育成に積極的で、若者の雇用管理の状況などが優良な中小企業を厚生労働大臣が認定する制度です。

なかなか厳しい基準でしたが、２０１７年に地域で初のユースエール認定企業になることができました。その後も女性左官職人の育成に取り組むことにより、社内改善を加速させています。２０２０年には「キラリと光るとちぎの企業」にも認定していただけました。

私たちの業界は、今でこそ改善されてきていると言えますが、以前はブラック企業と言われても仕方がないような労働条件、職場環境の会社が多くありました。そんな雰囲気を払拭するためにも、職人を巻き込み、少しでもホワイト企業を目指すことを考える必要があるのではないでしょうか。今や働き方改革やＷＬＢを意識した社風づくりに取り組むことが大事なのです。

## 5 10年先の会社を見すえた職人育成

### ○全社員のベクトルを集中させる経営理念

昨今の経営環境や社会情勢を考えた場合、時代の流れはあまりにも速く、外部環境の変化は著しいものがあります。経営者の方は、半年先の予測をすることも難しいでしょう。職人業界も職人不足がここまで長く続くと、将来がどのようになっていくのか、予測がつきません。

しかし、私が取り組んできた「壁の匠」の経営において言えることは、会社経営に職人育成は必要不可欠であり、必須だということです。職人育成＝会社経営と言っても過言ではないと思います。職人育成のやり方しだいで、10年後の会社が決まるのです。

話は25年前の「壁の匠」のことになります。当社の経営状態はかなり危機的なものがありました。元請依存度が高い、借入が多い、職人力が低い、営業力が弱い、経営能力が低い。まるでドラマ「下町ロケット」の佃製作所のピンチのときのような状態で八方塞がりでした。

仕事がなくて赤字になるならまだしも、忙しく仕事をしていても赤字になってしまう。つまるところ稼ぐ力のない職人の集まり、稼ぐ力のない会社だったのです。

私はこの状態を抜け出すために真剣に考え、必死に経営を学びました。そのときに、会社には経営理念というものが必要だ、と学んだのです。経営理念によって、同じ目標に向かって社員全員のベクトル（力の向き）を集中させることができる、と教えていただきました。

私は社員や職人の意識がバラバラで、一点集中することができない状態を何とか打開したい、と考えました。目先のことではなく、10年先を見すえて会社のありたい姿、理想の姿を考えました。

私はそのとき、借金に苦しむことなく、やりたい仕事を受注して職人がいきいきと働き、お客様が喜んでくれている、そのような状態を想像しました。やりたい仕事が増え、毎日職人たちが目をキラキラと輝かせ、忙しく仕事をしている姿を想像しました。お客様に喜ばれ、口コミで仕事が増え、毎日一所懸命仕事をして利益が上がる会社、それが夢でした。

その夢・理想を1年間かけて経営理念として明文化しました。それが「私たちは礼儀・技術・知識の向上を目指し、感謝の気持ちで社会に貢献します」です。この経営理念を社内に掲げたのが2000年のことです。

### ○夢（理想）がなければ、すばらしい未来は創造できない

この経営理念を掲げてからは、社内のベクトルが徐々にではありますがそろってきました。技

術だけではなく、礼儀＝マナーと知識を加えたことにより、技術に偏ることのない、バランスの取れた新しい職人育成のスタートになりました。

私も、実際にこの経営理念を掲げる前までは、なぜ経営理念が必要なのか理解できませんでしたが、20年を経過した今であれば、経営理念の重要性がはっきりとわかります。

「夢（理想）なくして目標なし、目標なくして計画なし、計画なくして実行なし、実行なくして成功なし」なのです。

経営理念の「理念」は「理想＋信念」、または「理にかなった念《おも》い」です。職人としての成功も会社としての成功も原点はここにあるのです。

夢（理想）を持たずしてすばらしい未来は創造できないのです。10年先の自分自身の姿を、そして会社の姿を想像し、職人育成の仕組みを構築していきましょう。

8章

# ひとつのことを諦めず続ければ、必ずその道のプロになれる

# 1 職人は、才能よりもやり抜く力が大事

## ○今の仕事をがんばってみる

一所懸命にひとつのことに取り組む人の姿は、見ている人に感動を与えます。人に感動を与えるものといえば、4年に一度開催されるオリンピックがあります。オリンピックがはじまると夜更かしをしてでも日本人選手の活躍を期待し、応援してしまいます。

オリンピックは、メダルが何個とれたかも気になりますが、そこに至るまでのさまざまなドラマに感動するのではないでしょうか。金メダルに輝いた選手も、最初から世界一になれるとわかってそのスポーツをはじめたわけではありません。

たしかに才能はあったかもしれませんが、その才能を開花させたのは、日々のたゆまぬ努力だったのではないでしょうか。才能よりも、一途にそのスポーツに取り組み、ひとつのことをやり抜いたからこそ結果に結びついたのだと思います。

私は職人の仕事というのは、スポーツ選手の取り組みに非常に似ているのではないかと考えています。オリンピックにさまざまな種目があるように、職人の職業にもさまざまな職種があります。どの職種につくかは、育った環境や状況にもよりますが、私のように親がその職種について

カリスマ左官職人から直接指導を受けているようす

いたという人もいれば、子供のころに見た職人さんの働きぶりにあこがれて選んだ人もいるでしょう。

なかには、今やっている職種はあまりやりたくなかったのに、やらざるを得なかったという人もいるでしょう。しかし、現在その仕事に取り組んでいるのであれば、真剣に取り組んでみるべきではないでしょうか。

## ○やり抜く力こそが才能

将棋の羽生善治さんがこのようなことを言っています。

「何かに挑戦したら確実に報われるのであれば、誰でも必ず挑戦するだろう。報われないかもしれないところで、同じ情熱、気力、モチベーションをもって継続するのは非常に大変なことであり、私は、それこそが才能だと思っている」

そうなのです。今やっていることが必ずしも報われるかどうかわからないけれども、日々練習をして、試行錯誤を繰り返して現場で仕事を続けること、それが大事なのです。ひたすらお客様の喜ぶ姿を思い描きながら、真剣に仕事に取り組むのです。そして仕事を依頼してくれたお客様にほめていただいたときに、職人としての喜びが得られるのです。

羽生名人が言うように、ずっと同じ情熱、気力、モチベーションを継続して仕事をすることが、職人らしい生き方なのです。

もちろん、職人育成の仕組みを会社の中につくろうとする経営者は、ひたむきにがんばっている職人の努力が必ず報われるような状態をつくらなければなりません。

やり抜くことができれば、誰でも職人になれますが、やり抜く力が弱い人は職人には向いていないかもしれません。職人の世界では、技術以外のことでも理不尽なことがあるでしょう。そんなときに辞めたくなっても、諦めずに続けられることが職人になるための最低条件であり、もっとも重要な資質なのです。

ひとつのことをあきらめずに続ければ、必ずその道のプロになれます。職人は才能よりもやり抜く力が大事であり、羽生名人の言葉を借りれば、やり抜く力こそが才能なのです。

人生において、一点集中戦略が職人の道なのです。

# 2 この道より我を生かす道なし この道を歩く

## ○憧れの父の仕事姿

私の父は根っからの左官職人でした。私が左官の修業をしているころは父も若くて、毎日朝から晩まで現場で壁塗りを一緒にしていました。今考えてみると、とても大変だったけれど、もっとも充実していて楽しい毎日でした。

父の左官技術は、私が言うのもなんですが、超一流だったと思います。一緒に仕事をしていて、なぜこのような仕上げができるのだろう、といつも思っていました。父と現場で一緒に仕事をしなくなってから10年近くたちますが、私の職人人生の根幹を形づくったのは間違いなく父の影響だと思います。

私自身の職業観や仕事観はどのようにつくられたのだろう、と自分自身の記憶をたどりながら考えてみました。

父が左官の会社をはじめたのは１９７２年（昭和47年）でした。私が生まれてから1年目のことでした。父は中学を卒業してすぐに県外に左官職人になるための修業に出たようです。10年ほど左官の修業をしたのちに地元に戻っての創業だと聞きました。

そのころ母親のお腹の中には弟がいて、まもなく生まれるというような時期でした。家庭は、経済的にとても大変な時期だったと思います。そんな中、夢を抱き、家族を養うために父は会社を立ち上げました。数名の若い左官職人とともに左官の技術を武器に、より多くの仕事を受注し、会社を成長発展させようと、日々遅くまで現場で仕事をしていたようです。

私は、物心がついたころから父と一緒に現場に行っていた記憶があります。現場の段取りをしたり、集金に行ったりしていた父は、よく私を車に乗せて現場に連れて行ってくれました。

現場では、若い職人さんたちにもとても可愛がってもらいました。

私の遊び場と言えば、自宅の近くに土場があり、そこに置いてあった左官砂でよく砂遊びをしたことを覚えています。私が小学校に上がったころ、母親と一緒に父の現場に行き、父の壁を塗る姿を見てとてもかっこいいと思い、若い左官職人から親方と言われる父を見て、その仕事ぶりに憧れました。

## ○私は「職人育成道」を行く

昔の左官職人は、いわゆる職人気質《かたぎ》で、昼間も夜も勢いのいい人が多かったように思います。

わが家には住み込みの若い職人が数名いたので、家の中はいつも騒がしい状態でした。

父も若いころは威勢がよくて、技術に対するこだわりがとても強く、全国左官競技大会で優勝

するくらい腕のいい職人もいました。

本年も全国左官競技大会にエントリーすることが決まっており、創業から約50年たった今でも、技術に対する考え方は変わっておらず、わが社のＤＮＡなのかもしれません。

経営面では２０００年に社長が交代し、今は私が社長をしていますが、現場がとても好きな父は、毎日早朝から現場に出かけ、70歳を過ぎても現役左官職人として活躍し、孫くらいの若い見習い職人に技術指導をしていました。父のような生き方が職人らしい生き方といえば、そうなのかもしれません。

そんな父が、「この言葉が好きなんだよなぁ」と茶の間に飾ってある書があります。そこには、「**この道より我を生かす道なし　この道を歩く**」と書かれています。

父は、左官という仕事が自分の天職だと考えて仕事に取り組んできたのだと思います。まさに職人道です。私もこの言葉がとても好きです。蛙の子は蛙なのかもしれません。ですが私は、職人育成道を歩きたいと思います。

## 3 職人育成なくして事業承継はできない

### ○会社の5つの出口

会社を立ち上げることが入口だとすると、出口は5つあると言えるでしょう。ひとつ目は上場、2つ目は事業承継、3つ目はM&A、4つ目は清算、そして5つ目が倒産です。

実際に、会社を経営する経営者やそこで働く社員や職人からすれば、4つ目の清算と5つ目の倒産はもっとも避けたい出口でしょう。とくに倒産は絶対に回避したいものです。

では、他の出口を考えてみましょう。まず上場ですが、この選択は簡単にできるものではありません。なぜなら今、日本にある企業はおよそ300万社で、上場している企業は3000社程度、1000社に1社です。0・1%の狭き門ですから、ここでは除外します。

残り2つの出口は事業承継とM&Aですが、この2つの選択は後継者がいるか、いないかにより変わってくると思います。

後継者がいないのであれば、M&Aという方法も、条件が合うのであれば会社を存続させ、成

長発展させるためにはよい選択かもしれません。しかしここで言いたいのは、**自社で職人を育成することで、事業承継できる人材をつくる**ことが最良の選択ではないかということです。

今、日本の会社の7割近くが後継者不在だと言われています。ですから、今からしっかりと職人育成を行ない、事業承継できる状態を意図的につくっていくことが必要ではないかと思います。

多くの会社では後継者と言えば、経営者の身内から選ぶことが多いようですが、私の考えとしては、一緒に仕事をしてきた職人に会社を任せるのもよいのではないかと思います。むしろ、そのほうが自然ではないでしょうか。

## ○会社の後継者となる職人を育てる

私の周りでも、後継者不在のため会社を清算するという人が増えてきています。

地元でずっと豆腐店を経営してきたMさんも、本当においしい豆腐をつくり、地域になくてはならない存在でしたが、高齢になったことや後継者の不在を理由に店を廃業してしまいました。もし、この豆腐店に後継者となるような若い職人さんがいたら、おいしい豆腐が今でも食べられたことでしょう。

もうひとつの事例は、痛くない注射針で有名な岡野工業です。岡野雅行社長は他社が絶対にまねのできない金属加工で業績を上げてきた経営者ですが、85歳という年齢と後継者不在を理由に2020年で廃業することになりました。後継者となる身内がおらず、会社を任せられる職人も不在だったようです。

このように赤字で倒産、廃業するのではなく、業績は好調で黒字でありながら、後継者が不在で廃業する会社が増えています。しかし、後継者となるような職人の存在があれば、また違った形になるのではないかと思います。

私が会社を継いだころ（今から20年前）は、事業承継といえば8割程度が身内だったようです。私も、父が左官工事店の経営者だったので後を継ぎましたが、私の友人の大工、電気屋、畳屋、看板屋、塗装屋、自動車板金工場等も、ほとんどが親からの承継でした。しかし、近年の少子化の問題もあり、今は身内の承継は6割弱になっているようです。

実際問題として、周りを見れば後継問題で頭を悩ませている先輩経営者が結構います。「倅は公務員になると言っている」とか、「息子は大手企業に勤めている」等、本来の後継者候補が家業を継ぐという選択をしないケースが増えているのも事実です。

ですから、職人育成の仕組みを構築して、社内でしっかりと職人を育てることにより、次世代を担う人材をつくることが、会社を成長発展させることになるのです。職人育成では、技術だけでなく、経営に関する知識も同時に教えていく必要があります。職人だから現場のことだけやっていればいい、という時代は過ぎ去りました。

事業承継の問題はどの会社にも必ず起こります。会社の将来を見すえて経営感覚を持った職人を育成しましょう。

# 4 財を遺すは下、事業を遺すは中、人を遺すは上なり

## ○初めて採用した職人が取締役になった

２０１６年10月1日に、当社の45周年記念式典と感謝祭を同時に開催しました。当時、私が経営者になってからもっとも影響を受けた方に感謝の気持ちを込めて感謝状と記念品を贈呈させていただきました。

財を遺すは下
事業を遺すは中
人を遺すは上なり
されど財をなさずんば
事業保ち難く
事業なくんば
人育ち難し

そのときに私の尊敬する経営者、田舞さんから45周年のお祝いにと2つの額をいただきました。ひとつは田舞さんが直筆で「**仁義**」と書いてくださった額です。そこには「45周年おめでとうございます。経営の基本は慈しみと正しさです。１００年企業を祈ります」と記されていました。

そして、もうひとつの額に書かれていたのが、「**財を遺すは下、事業を遺すは中、人を遺すは上なり**」という言葉です。そして、この言葉には続きがありました。「**されど財をなさずんば事業保ち難く、事業なくんば人育ち難し**」

私はこの言葉に感銘を受けたと同時に、職人育成に本気で取り組むことを心に誓いました。

私は、田舞さんから、「しっかりと職人育成に取り組みなさい」と言われているのだと、強く感じました。

私は自分が職人だったこともあり、かなり固定観念の強い人間でした。職人時代は、自分が先輩職人から受けてきた指導をそのまま新人職人にして、後輩職人とコミュニケーションが上手く取れず悩んだこともありました。

現場で仕事をしながらの職人育成は、正直に言えば私にとっては負担でもありました。しかし、職人から経営者になったときに田舞さんから指導を受けたことにより、少しずつ自分の固定観念がなくなり、一人ひとりの職人とコミュニケーションが取れるようになったのです。

それから田舞さんの指導のもとに経営理念を創り、職人育成に取り組みながら現在に至っているわけです。そして経営者になって15年目が経過して、15年前に私が経営者になって初めて採用した職人が45周年式典の中で取締役に就任しました。とてもうれしく感じたのと同時に、さらに職人育成に力を入れていかなければ、5年後10年後の当社はないぞ、という不安にも駆られました。

## ○人を育てているから会社の未来は明るい

なぜ、不安に駆られたのかというと、自社の過去を振り返ると、決して順風満帆だったわけではなく、私が入社したときからつい最近まで、荒波に揉まれながら沈没寸前の経営をしてきたからです。私が入社してから25年の間には、多くの新人職人が入社してきましたが、志半ばで去っていった人もたくさんいました。

しかし、初めて同じ志を持ち、同じ仕事感を持つパートナーとも言える職人が育ち、取締役になりました。もし20年前に田舞さんに出会わずに、職人育成を諦めてしまっていたら、もし15年前に、今回取締役に就任した彼が入社してこなかったらどうだっただろう。会社の経営自体が大変な最中、この人材を採用しなかったらどうだっただろうと考えると、おそらく今のわが社は存在しなかったのではないかと思います。

この本もいよいよ最後となりました。私は職人育成とは、自分育成だと思います。自分が成長しなければ職人も成長しません。

後輩職人は先輩職人の背中を見て育ちます。もし先輩職人の仕事観が歪んだものであれば、後輩職人の仕事観も歪むのです。先輩職人が後輩のお手本になり、後輩職人からは「あの人のような職人になりたい」と思われる関係を構築することが大事です。

田舞さんからいただいた言葉「仁義」、まさにこの言葉が職人育成の根本なのかもしれません。職人を育てるためにはしっかりとした会社基盤をつくり、適正な利益を上げ、上がった利益を人材に投資する、というのが理想的だとは思います。ですが、なかなかそのようにはいきません。

ときには、会社の経営状態が悪化することもあるでしょう。しかし、人を育てていない会社は、いずれなくなってしまうのです。人を育てているからこそ会社の未来は明るくなるのです。丹精を込めてひとりずつでよいのです。しっかりと職人を育成していきましょう。

# おわりに

私が左官という仕事に興味を持ち、左官職人の世界に足を踏み入れたのは、親方であり、技術の師匠でもある親父の影響が一番大きかったと思います。親父が左官職人でなかったら、私は左官職人にはならなかったでしょう。

私が幼少のころ、親父は私を作業車のホロ付きジープに乗せて、現場によく連れて行ってくれました。40数年前なので、今のように現場管理は厳しくありませんでしたから、現場の左官砂置き場で砂遊びをしながら親父が壁を塗る姿を見ていました。親父が30歳くらいのときでしたから、私は5歳か6歳といったところでしょうか。

当時の親父は左官職人らしいたくましい体をしており、鏝板《こていた》に目一杯の漆喰を乗せて一面の壁をものすごいスピードで仕上げていました。親父が漆喰壁を塗る姿は、まるでグレーのキャンバスに真っ白な絵の具ですばらしいアート作品をつくっているようでした。

子供ながらに、壁を塗る親父の姿に憧れを抱いていました。数年がたち、私は中学生になり、アルバイトという形で親父が仕事をする現場に手伝いに行きました。体の小さかった私はバケツ

1杯に入れられた材料を両手に持ち、何十回・何百回と壁を塗る親父の足元に運びました。バケツ1杯の材料をあっという間に塗り進めてしまう親父に、仕事に対する情熱と職人のすごさを感じました。同時に、自分にはこの職人という仕事は難しいかもしれないと感じました。

さらに数年がたち、地元の工業高校の3年生になり、就職先を考える時期になりました。私は職人の道に入るのではなく、親父に仕事が出せるような設計士になることを夢見て、地元のゼネコンに勤めることにしました。

2年ほど設計の仕事をしたころに、親父が職業病とも言える持病の腰痛を悪化させ、入院することになりました。このとき、私は親父の仕事をやろうと決断しました。

しかし、職人の道はそんなに甘いものではなく、苦労の連続でした。今思えば、「若いうちの苦労は買ってでもしろ」という言葉の意味が、自分の人生をとおして理解できたような気がしますが、当時は冗談抜きで大変だったことを思い出します。

それ以来、親父とは30年以上一緒に仕事をすることになります。よいことも悪いことも親父の背中を見て学んできました。私は、親父との意見の食い違いや経営状態の悪化などで何度も左官の仕事を辞めようと思いましたが、親父が「この言葉が好きだ」と茶の間に飾っていた、「この道より我を生かす道なし　この道を歩く」を見て踏みとどまり、職人の仕事を続けてきました。

時がたち、職人として憧れていた親父も73歳になりました。体力的な衰えはあったものの、２０２１年の1月までは現場で元気に仕事をしていました。しかし寒さもあり、少し体調を崩したので検査入院することになりました。その後、2月7日早朝に体調が急変し、心停止となり急逝しました。

私が、親父とゆっくりと話ができたのは亡くなる5日前でした。そのときは体調もよかったので1時間程度、いろいろな話をしました。とても有意義な時間でした。今思うと、そのときの親父の表情はすごく穏やかでした。

生前の親父には、職人として本当に多くのことを教わりました。お互いに我を張って意見のぶつかり合いもありました。怒りを露わにして憎んだこともありました。でも今では、どれも懐かしく思い出されます。

職人としての師匠であり、いつかは越えたいライバルだったとも言えます。本当に多くの弟子を育てた親父の生き方、生涯現役を貫いた親父に敬意を表するとともに、この本を捧げます。

親父、今まで本当にありがとう。

## 著者略歴

阿久津 一志（あくつ かずし）

有限会社　阿久津左官店　代表取締役　／　職人ビレッジ　村長　／　資格等　一級左官技能士・左官技能インストラクター・職業訓練指導員・登録左官基幹技能者・MBA・とちぎ現代しっくいインストラクター・とちぎ左官マイスター・ものづくりマイスター他

1971 年栃木県生まれ　地元工業高校卒業後、ゼネコンに入社、橋梁や大型建築構造物の設計作図に携わる。退社後、父が経営する有限会社阿久津左官店に入社。6 年間左官職人になるための修業をし、一級左官技能士の資格を取得。現場管理や営業、経理を担当した後、2000 年に同社の代表取締役となる。修業時代の体験から、技術だけに偏った職人ではなく、現場でのマナー向上や材料や施工方法に関する知識、卓越した技術を兼ね備えた、それまでの職人の悪いイメージを払拭するようなバランスのとれた新しい職人育成に取り組む。2005 年会社経営や職人育成の研究をするかたわら、地元大学に入学し経営学を学ぶ。2009 年立教大学大学院ビジネスデザイン研究科（RBS）に入学、更に会社経営および職人育成の研究をする。2011 年経営管理学修士を取得、2011 年２月『「職人」を教え・鍛え・育てるしつけはこうしなさい!』（同文舘出版）を出版。

| | |
|---|---|
| **壁の匠　有限会社阿久津左官店** | **職人ビレッジ** |
| 〒329-2745 | 〒329-2745 |
| 栃木県那須塩原市三区町 594 -18 | 栃木県那須塩原市三区町 659-12 |
| ☎ 0287-37-0826　FAX0287-37-6580 | ☎ 0287-37-0826　FAX0287-37-6580 |
| URL https://www.a-sakan.com | URL https://syokunin.pro |
| E-mail kazushi@a-sakan.com | E-mail kazushi@a-sakan.com |
| FB https://www.facebook.com/kazushi.akutsu/ | FB https://www.facebook.com/syokunin.village |

# 1年目から現場で稼げる建設職人を育てる法

2021年9月1日　初版発行

著　者 —— 阿久津一志

発行者 —— 古市達彦

発行所 —— 株式会社同信社

東京都千代田区神田神保町1-41　〒101-0051

発売所 —— 同文舘出版株式会社

東京都千代田区神田神保町1-41　〒101-0051
電話　営業03（3294）1801　編集03（3294）1802
振替00100-8-42935





ISBN978-4-495-97654-5

印刷／製本：萩原印刷

Printed in Japan 2021